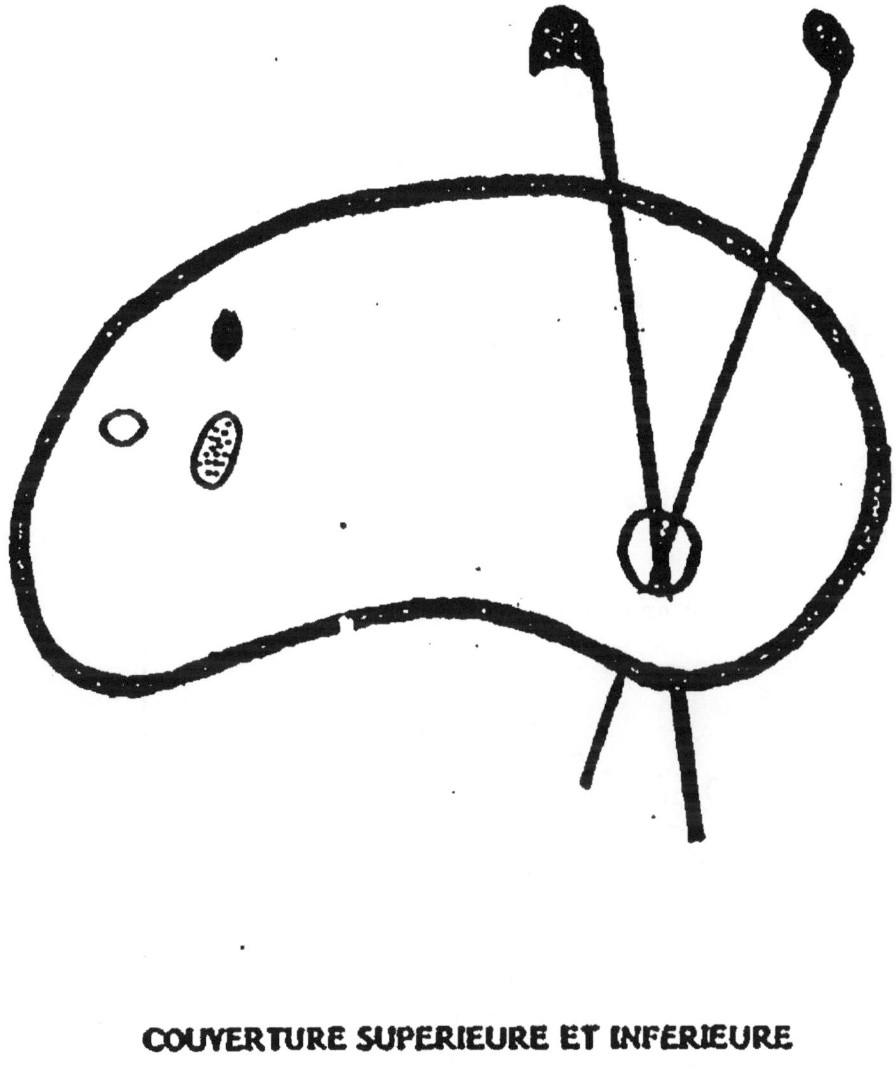

COUVERTURE SUPERIEURE ET INFERIEURE
EN COULEUR

DES ORIGINES

DE LA

SCIENCE POPULAIRE

Par E. CAMPAGNE

AVEC GRAVURES DANS LE TEXTE

ROUEN

MÉGARD ET Cⁱᵉ, LIBRAIRES-EDITEURS

BIBLIOTHÈQUE MORALE

DE

LA JEUNESSE

—

2ᵉ SÉRIE IN-8°

MOULIN A VENT.

DES ORIGINES

DE LA

SCIENCE POPULAIRE

Par E. CAMPAGNE

AVEC GRAVURES DANS LE TEXTE

ROUEN

MÉGARD ET Cᵉ, LIBRAIRES-ÉDITEURS

1882

DES ORIGINES

DE LA

SCIENCE POPULAIRE.

I.

Alphabet et Écriture ; Chiffres et Ponctuation.

Vous connaissez tous l'alphabet, mes jeunes lecteurs ; mais vous ne vous doutez guère de sa longue et curieuse histoire.

Par *alphabet*, on entend le catalogue des lettres usitées dans une nation pour la représentation des sons élémentaires de la langue qu'elle parle. Ce mot est composé de *alpha* et de *béta*, qui sont les deux noms des deux premières lettres de l'alphabet grec.

C'est aux Assyriens et aux Egyptiens qu'on attribue généralement l'invention des lettres ou caractères alphabétiques. Platon dit positivement que Thaut fut le premier en Egypte qui distingua les lettres en voyelles et en consonnes, en muettes et en liquides. La connaissance de l'écriture alphabétique ne s'est répandue que fort lentement dans les différentes régions de l'univers.

A l'exception de l'Egypte et de quelques contrées de l'Asie, le reste des nations a ignoré pendant plusieurs siècles un art si utile. Cadmus est le premier qui l'ait introduit dans l'Europe. Les meilleurs historiens de l'antiquité conviennent que c'est à l'arrivée de ce prince qu'on doit rapporter la connaissance des caractères alphabétiques dans la Grèce.

Les Phéniciens, comme la plupart des peuples orientaux, n'exprimaient point les voyelles en écrivant; ils se contentaient de les aspirer dans la prononciation. Les Grecs convertirent ces aspirations en voyelles, qu'ils exprimèrent dans leur écriture. Un ancien historien attribue cette invention à Linus.

Suivant Crétinus, l'alphabet hébreu est dû à Moïse; le syriaque et le chaldéen, à Abraham; l'attique apporté par Cadmus en Grèce, et de là en Italie par Pélasque, aux Phéniciens; le latin, à Nicostrate; l'égyptien, à Isis; le gothique, à Ulphilas. Quant à l'invention première des lettres, Philon l'attribue à Abraham; Josèphe et saint Irénée, à Enoch; Bibliander, à Adam; Eusèbe, à Moïse; Pline et Lucain, aux Phéniciens; Tacite, aux Egyptiens, et d'autres aux Ethiopiens.

La ressemblance étonnante que nous remarquons entre

les lettres alphabétiques de tous les peuples, indique néanmoins une origine commune. L'hébreu, le phénicien, le syriaque, le chaldéen et l'arabe présentent dans leurs alphabets des altérations trop peu sensibles pour qu'on puisse mettre en doute l'identité de leur origine. Les caractères grecs regardés à l'inverse sont les mêmes que les lettres des Hébreux. De cet alphabet grec est dérivé l'alphabet latin, qui a formé tous ceux qui s'emploient maintenant en Europe et chez plusieurs peuples de l'Asie.

Primitivement, grâce au don divin, l'homme pense et parle : par la pensée, il s'approprie la parole et invente de nouveaux signes à l'image des signes naturels.

Il y a deux sortes de signes : les uns, imaginés dans l'enfance des langues et lorsqu'elles étaient encore pauvres, expriment les idées mêmes sans aucune espèce de rapport avec la langue parlée, et pourraient servir d'interprètes à toutes les nations. Tels sont les *quipos* des Péruviens, les *tribunols* chinois, les *hiéroglyphes* égyptiens, les *chiffres* arabes; enfin les *notes* musicales, qui réveillent les mêmes idées chez tous les peuples, quelle que soit leur langue.

Les autres signes sont particuliers à la langue pour laquelle ils sont créés : telles sont les lettres des alphabets.

Les hiéroglyphes, les plus importants des premiers signes, sont de trois sortes. Les plus simples représentent l'homme par un de ses membres; un incendie par une fumée qui s'élève; un combat par deux mains, l'une armée d'un glaive, l'autre d'un bouclier. Dans la deuxième espèce, un œil joint à un sceptre désigne un roi; une épée avec les deux signes précédents, un tyran sanguinaire; le soleil et la lune rappellent la suite des temps, et un œil dominant le tableau nous rappelle la Divinité. La troisième espèce représente les idées morales; et pour les déchiffrer, il faudrait connaître les mœurs, les usages du temps et les analogies qui ont servi de base.

Pour l'amusement et la curiosité de nos jeunes lecteurs, nous ferons ici en quelques lignes l'étude comparée de *huit alphabets.*

L'alphabet russe a 36 lettres, dont 15 voyelles; l'arabe, 29 lettres, dont 3 voyelles; l'anglais, l'allemand et le français, 26 lettres, dont 6 voyelles. Le *w* manque à l'espagnol; le *w* et le *z* au portugais; les lettres *x*, *y*, *w* et *k*, à l'italien.

Malgré la supériorité numérique des alphabets russe et arabe, toutes les lettres de notre alphabet latin ne s'y trouvent pas représentées. L'arabe est dépourvu des lettres *c*, *e*, *j*, *p*, *u*, *v*, *w*, *x*; et les lettres *h*, *q*, *s*, *u*, *w*, manquent à l'alphabet russe.

Voilà pour les *lettres*; voici pour les *sons*: chaque langue a un ou plusieurs sons particuliers dont elle possède le monopole. Quelquefois une langue manque de un ou plusieurs sons, communs aux autres langues.

Le son *e muet* français n'existe ni dans le portugais, ni

dans l'espagnol, ni dans l'italien. La lettre *e* s'y prononce *é* ou *è*, comme en allemand.

Le son *u* ne se rencontre que dans le français, et par exception dans le portugais et l'allemand. Ailleurs l'*u* se prononce *ou* en général. Cette lettre manquant dans le russe et l'arabe, le son *ou* y est représenté par d'autres lettres.

Les sons voyelles *a*, *i*, *o*, *é*, existent dans les huit langues, mais ne sont pas toujours représentés par la même lettre. De là ces règles infinies de prononciation, souvent aussi difficiles à apprendre que la langue elle-même et qu'on pourrait réduire à un *principe unique* par une nouvelle prononciation figurée.

Les sons consonnes *q* et *h* manquent au russe; le son français *j* à l'espagnol, à l'allemand et à l'arabe, où il devient guttural En italien, on le prononce *dj*, comme le *djim* arabe.

Le son *cs* ne figure ni dans l'italien, ni dans le russe, ni dans l'arabe. En russe l'*x* se prononce comme le *ch* guttural allemand.

Le *z* se prononce *ss* en espagnol et *ts* ou *tz* en italien et en allemand.

Le son des autres consonnes est commun aux huit langues.

Le *ch* existe dans les huit langues. Il se prononce *tch* en espagnol et en anglais, *k* en italien et *kch* en portugais.

Les sons *gn* et *ill* français n'existent que dans les langues latines avec une orthographe différente.

C'est ainsi que, sous l'influence des climats, les peuples, dans leur isolement, modifièrent leur langue primitive. Elle devint mélodieuse dans les régions tempérées, sourde et brève sous le feu des tropiques, forte et âpre dans les glaces du Nord.

Au contact des barbares, le latin a produit le *roman*, d'où sont sortis l'italien, le français, l'espagnol et le portugais.

L'*italien* a acquis une mélodie variée, une heureuse flexibilité; il excelle dans la peinture animée des passions.

Le *français*, formé au nord de la Gaule par la fusion du latin vulgaire avec l'idiome tudesque des Francs, s'est développé fortement sur notre sol. Répandu aujourd'hui sur tous les points du globe, il est devenu le lien commun de la pensée, l'interprète de la civilisation moderne.

L'*espagnol*, grave et solennel, n'a pas rejeté comme l'italien les intonations latines, ni abrégé les finales comme le français.

Le *portugais*, allié de près à l'espagnol, est moins abondant et moins sonore : il a admis l'articulation sourde ou désinence nasale.

L'*allemand*, remarquable par sa force, et l'*anglais*, si simple dans sa syntaxe, mais non dans sa prononciation, proviennent de la langue *germane*.

La langue *russe*, mère de plusieurs idiomes, et dérivée elle-même du *slave*, est remarquable par sa richesse.

L'*arabe* est une langue sémitique qui se lit et s'écrit de droite à gauche, comme toutes les langues asiatiques. La construction générale de la phrase offre la naïveté des récits d'un enfant.

Toutes ces langues sont originairement identiques, c'est-à-dire composées des mêmes *racines* primitives que des combinaisons logiques ont nuancées de diverses manières.

Quant à nous, nous tenons nos lettres des Latins; les Latins tenaient les leurs des Grecs, qui les avaient reçues des Phéniciens.

Grégoire de Tours parle de plusieurs ordonnances de Chilpéric, qui fit ajouter à l'alphabet quatre lettres grecques : *o, y, z, n.*

Il serait à désirer que notre langue s'enrichît des caractères qui nous manquen', surtout lorsque nous en conservons de superflus; ce qui fait que notre alphabet pèche à la fois par les deux contraires, la disette et l'abondance. Ce serait peut-être l'unique moyen de remédier aux défauts et aux bizarreries de notre orthographe, si chaque *son* avait son caractère particulier, et qu'il ne fût jamais possible de l'employer pour exprimer un autre *son* que celui auquel il était destiné. Mais revenons à l'invention de l'écriture.

On a successivement inventé différents signes propres

à représenter les discours et à exprimer la pensée. C'est aux recherches et aux tentatives multipliées qu'on a faites en différents temps chez les peuples policés, que nous devons l'art d'écrire proprement dit, art dont il est difficile de pouvoir fixer l'époque et marquer exactement l'origine.

Il est certain que le premier moyen employé pour représenter une idée a été d'en peindre l'objet. La première écriture a donc été une peinture grossière. Les hiéroglyphes, dont nous avons parlé, sont venus abréger ce que la première peinture avait de trop long; mais en même temps qu'elle devenait symbolique, elle devenait aussi plus compliquée, et elle dépendait en partie de conventions arbitraires. Les caractères alphabétiques seuls pouvaient remplir exactement le but que les deux premières espèces d'écriture s'étaient proposé; mais des deux premières à la troisième l'intervalle était d'autant plus grand, que ni la peinture ni les hiéroglyphes ne mettaient sur la voie de cette dernière découverte. La peinture et les hiéroglyphes étaient la représentation plus ou moins fidèle des objets; l'écriture n'était que la représentation des sons ou des mots : c'était, s'il est permis de parler ainsi, la langue devenue sensible à l'œil; et il fallait, pour opérer ce phénomène, distinguer la valeur des sons, les analyser, et imaginer des caractères purement de convention qui pussent parler aux yeux dans le même idiome où la langue se ferait entendre à l'oreille.

Il est impossible de déterminer avec précision l'époque à laquelle on doit rapporter l'invention des caractères alphabétiques; on voit seulement que cet art a dû être connu fort anciennement dans quelque pays. L'écriture alphabétique était en usage dans l'Arabie dès le temps de Job. Il en parle d'une manière très-claire et très-positive.

Quoi qu'il en soit, cette invention nous vient de l'Orient, et tout nous dit que c'est à l'arrivée de Cadmus qu'on doit rapporter la connaissance des caractères alphabétiques dans la Grèce; la comparaison de l'alphabet grec et de l'alphabet phénicien suffirait pour s'en convaincre. Il est visible que les caractères grecs ne sont que les lettres phéniciennes retournées de droite à gauche.

Ce qui semble assez certain, c'est que, quelques années après Cécrops, qui parut dans l'Attique 1657 avant Jésus-Christ, Cadmus aborda en Béotie 63 ans plus tard et y apporta l'art de retenir par de simples traits les sons fugitifs de la parole.

Les Grecs écrivaient d'abord sur des feuilles de fleurs, sur l'écorce de certains arbres, principalement du tilleul et du hêtre.

Dans la suite, ils se servirent de petites planches ou tablettes de bois très-minces; on les appelait *tabellæ*. On induisait ces tablettes de cire, et l'on écrivait sur cet enduit. Les Grecs écrivaient aussi sur des peaux de bêtes : c'étaient ou des cuirs passés et rendus souples comme la peau d'un gant, ou du parchemin rouge et blanc, ou du vélin semblable au nôtre. Cette dernière espèce était fort en usage. Il y avait aussi des feuilles à écrire faites d'une petite peau déliée qui se trouvait entre l'écorce et le bois de certains arbres; cette peau était appelée *liber*, d'où vient le mot *livre.* On en faisait aussi d'une plante égyptienne que les Grecs appelaient *biblos* et les Latins *papyrus*, d'où est venu le mot papier. Celles-ci étaient plus en usage que les autres.

Les Romains avaient appris l'art de l'écriture des Toscans et des Grecs. Ils furent longtemps sans connaître les lettres de l'alphabet; et, si l'on en excepte un petit nombre, l'écriture ne fut en usage à Rome que vers le temps de l'expulsion des rois. Denys d'Halicarnasse nous apprend qu'un traité fait entre les premiers Romains et les Gabiens fut écrit en lettres antiques sur du cuir de bœuf dont on avait couvert un bouclier de bois.

Les anciens avaient deux manières de former les caractères de l'écriture : l'une était *pingendo*, en peignant, à l'aide d'une petite canne de roseau appelé *calamus*, les lettres sur des peaux préparées ou sur la membrane intérieure de l'écorce de certains arbres; l'autre manière était *incidendo*, en gravant les lettres sur des lames de plomb ou de cuivre, ou bien sur des tablettes de bois enduites de cire; ils se servaient à cet effet d'un poinçon appelé *stylus*, qui ressemblait à peu près aux aiguilles avec lesquelles nous écrivons sur nos tablettes.

Ils n'écrivaient ordinairement que sur un côté et laissaient en blanc la page du revers; c'était sans doute à cause de la finesse du papier d'Egypte et du parchemin. C'était tellement un usage de politesse, que saint Augustin, qui s'en éloignait quelquefois, en faisait des excuses. La plupart suivirent son exemple en écrivant à leurs inférieurs ou à leurs égaux.

Chez les Gaulois, les arts et les sciences restèrent long-temps dans l'enfance. Ces peuples barbares connurent à peine l'écriture; ils ne s'en servaient que dans le cours ordinaire de leurs affaires et pour régler leurs comptes. Tacite parle de plusieurs inscriptions gauloises trouvées sur les frontières de la Germanie et de la Rhétie, et observe qu'elles étaient écrites en caractères grecs.

L'écriture des Chinois n'est pas comme la nôtre une représentation de la parole; elle se lie immédiatement aux idées, parce qu'elle a retenu le caractère hiéroglyphique, ou plutôt elle n'est encore qu'un système d'hiéroglyphes plus ou moins bien conservés. On peut regarder la langue chinoise comme une des plus singulières qui existent. La *langue* parlée a cela de particulier, que chaque syllabe y forme un mot; mais chaque mot est prononcé avec tant de diverses modulations, qui ont chacune leur sens différent, qu'on a été obligé d'imaginer près de 80,000 caractères pour la langue écrite, dont 114 figures servent de clef à ce fameux alphabet, que nos petits paresseux ne pourraient jamais apprendre.

Parmi les hiéroglyphes, les plus simples et les plus

connus, ce sont les *chiffres*, dont l'invention doit être fort ancienne. En effet, les cailloux, les petites pierres, les grains de blé étaient bien un secours suffisant pour faire des operations arithmétiques; mais ils n'étaient point propres à en conserver le résultat. Le moindre événement suffisait pour déranger des signes aussi mobiles. On était donc exposé à perdre en un moment le fruit d'une longue et pénible application. Il était cependant d'une nécessité absolue, dans plusieurs occasions, de conserver les résultats des opérations arithmétiques. Il fut donc nécessaire d'inventer de bonne heure des signes qui pussent servir à représenter les faits avec exactitude. On ne peut douter que les Egyptiens n'eussent imaginé des caractères arithmétiques avant le temps où ils ont connu les caractères alphabétiques. On sait, par le témoignage de Diodore, de Strabon et de Tacite, que les souverains qui avaient fait élever des obélisques avaient eu soin d'y faire marquer le poids d'or et d'argent, le nombre d'armes et de chevaux, la quantité d'ivoire, de parfums et de blé que chaque nation soumise à l'Egypte devait payer. Il est donc certain que, parmi les différentes figures qu'on voit sur ces monuments, il y en a quelques-unes destinées à exprimer des nombres.

L'origine des chiffres numériques appelés communément *chiffres arabes*, est couverte d'obscurité. Le nom qu'on leur donne dérive de l'opinion généralement reçue qu'ils ont été transportés de l'Orient dans notre Occident, et que c'est des Sarrasins ou Arabes que l'Europe les a reçus.

Le temps, qui altère tout, a apporté quelque différence entre nos propres chiffres et ceux des Arabes, nos maîtres, ou entre les chiffres des Indiens et ceux des Arabes, leurs disciples, en sorte qu'aujourd'hui la forme ou la place primitive de certains chiffres se trouve changée. Notre *zéro*, par exemple, vaut *cinq* chez les Arabes ; et chez les Indiens, notre *neuf* vaut *sept*, et notre *huit* vaut *quatre*. Il n'y a pas lieu de s'étonner de ces changements : nous savons combien d'altérations ont subies, en divers temps, les lettres de notre alphabet. Ce qui, par exemple, est un P chez les Latins est un R chez les Grecs ; ou, en d'autres termes, la lettre P des Grecs a le même son et la même valeur que la lettre R chez les Romains. Le C latin est un S chez les Grecs, etc.

Pisan, qui introduisit en Italie les nombres ou chiffres arabes, en 1202, les appelle, non pas chiffres arabes, mais chiffres indiens.

Quelques-uns ont déféré à un moine grec l'honneur de s'être servi le premier de ces chiffres; d'autres en donnent la gloire à Gerbert d'Aurillac, premier pape français, sous le nom de Sylvestre II. Les Espagnols la revendiquent pour leur roi Alphonse X, à cause des tables astronomiques dites *alphonsines;* mais les fondements de toutes ces prétentions paraissent très-peu solides. Ce qu'il y a de certain, c'est que ces chiffres étaient connus en

Europe avant le milieu du XIIIe siècle. D'abord on n'en fit usage que dans les livres d'arithmétique, d'astronomie et de géométrie; ensuite on s'en servit pour les chroniques, les calendriers et les dates des manuscrits.

Que ce soit Gerbert ou un autre qui nous ait transmis ces chiffres, il est certain qu'ils n'avaient pas tout à fait la forme des chiffres arabes dont nous nous servons aujourd'hui.

Ces chiffres ne parurent sur les monnaies, pour marquer le temps où elles avaient été fabriquées, que depuis l'ordonnance de Henri II, rendue en 1549. Si l'on en croit Lobineau, ce n'est que depuis le règne de Henri III que l'on commença en France à se servir, en écrivant, des chiffres arabes. Les Russes ne s'en servent que depuis le voyage du czar Pierre le Grand. Ils avaient été introduits en Angleterre vers le milieu du XIIIe siècle, en 1233, et portés en Italie vers le même temps. L'Allemagne ne les reçut qu'au commencement du XIVe siècle, vers 1306.

« Les Romains avaient mis I pour *un*, II pour *deux*, III pour *trois* et IIII pour *quatre*, parce que ces lignes représentent les quatre doigts de la main sur lesquels on a coutume de compter. Et le V, qui vaut *cinq*, est marqué par le cinquième doigt ou le pouce, lequel étant ouvert forme un *cinq* avec l'index. Deux V, joints par la pointe, font un X, qui vaut *dix*. Il y a une autre raison du chiffre où l'on mit un D pour *cinq cents*, un L pour *cinquante*, un C pour *cent* et un M pour *mille*. Anciennement on faisait un M comme un I ayant une anse de chaque côté, ce qui, avec le temps, a été séparé en trois parties : un C, un I et un C renversé. Ainsi, c'est toujours M qui signifie *mille*; et le D vaut *cinq cents*, parce qu'il est la moitié de ce mille ancien. L vaut *cinquante* comme moitié du C, qui valait *cent*, parce que c'est la première lettre de *centum* (100). Or, les anciens faisaient leur C comme un long E qui n'aurait pas de barre au milieu, de sorte qu'en le coupant en deux, la moitié forme un L, qui vaut *cinquante* (1). »

Si chaque nombre avait dû être représenté par un *mot* ou un *signe* particulier, on comprend qu'une si immense nomenclature eût été à peu près impossible. Il a donc fallu établir un système qui permît, à l'aide de quelques mots et de quelques signes seulement, combinés selon une loi simple et uniforme, de représenter, nous ne dirons pas tous les nombres, puisque leur suite est infinie, mais ceux qui peuvent devenir l'objet de nos calculs. A ce point de vue notre numération décimale écrite est admirable par sa simplicité; dix chiffres suffisent pour exprimer tous les nombres imaginables.

Mais ces inventions simples et sublimes n'arrivent que lentement. Il en fut de même de l'art d'indiquer dans l'écriture, par des signes reçus, la proportion des pauses que l'on doit faire en lisant : je veux parler de la *ponctuation*.

---

(1) BOREL, *Trésor des Recherches*, in-4°, 1655.

Avant de ponctuer les manuscrits, on commença, pour en faciliter l'intelligence, par laisser un espace vide entre chaque phrase : c'est la plus ancienne manière de distinguer les pauses et le sens complet ou incomplet du discours ; puis on mit chaque phrase ou chaque demi-phrase à l'alinéa.

Cette mode passa dès le viie siècle. A l'exemple de Cicéron et de Démosthène, saint Jérôme introduisit la distinction par versets dans les manuscrits de l'Ecriture : d'où l'on peut inférer que les manuscrits latins, ainsi divisés, ne doivent pas être estimés antérieurs à ce saint docteur. On prouve cependant par ces ouvrages qu'avant lui on observait déjà quelques divisions de versets.

Quelques-uns se contentèrent de mettre au commencement de chaque nouvelle phrase une lettre un peu plus grande, et qui avançait sur la marge plus que les autres lignes ; mais la distinction par des vides en blanc fut la plus suivie.

Ces espaces vides, servant de points et de virgules, donnèrent naissance à la ponctuation. Dom Bernard de Montfaucon croit que la ponctuation des manuscrits n'est pas plus ancienne qu'Aristophane. On accorde à ce grammairien l'invention des signes distinctifs des parties du discours. Le seul point, mis tantôt au haut, tantôt au bas et tantôt au milieu de l'espace qui suivait la dernière lettre, marquait les trois sortes de distinctions des anciens.

L'une n'était qu'une petite pause ou une légère respiration, et alors on mettait le point au bas de l'épaisseur de la ligne, comme aujourd'hui. La seconde était une pause plus grande, mais qui laissait encore l'esprit en suspens : on la désignait par le point marqué au milieu de la largeur de la ligne. La dernière terminait le sens et ne laissait plus rien à désirer : on la marquait par le point placé au haut de l'épaisseur de la ligne. Depuis plusieurs siècles, la première est régulièrement désignée par une virgule, la deuxième par un point-et-virgule, et la dernière par un point mis au bas du mot.

Les Latins mirent d'abord un point après chaque mot, méthode imparfaite qui fit souvent confondre le sens du discours. Au commencement du ixᵉ siècle, Alcuin inventa l'art de ponctuer, sans employer encore toutes les figures dont nous nous servons aujourd'hui. A la fin du viiiᵉ siècle, les plus grands maîtres ne faisaient pas les distinctions et les pauses avec la même facilité que les enfants d'aujourd'hui par le moyen de la ponctuation.

II.

Plumes, Encre, Papier, Livre, Journaux.

L'instrument dont se servaient nos pères pour écrire était une petite canne de roseau appelée en latin *calamus*. Beckmann observe que si les anciens avaient connu l'usage des plumes d'oie pour écrire, ils auraient consacré cet oiseau à Minerve, au lieu de lui consacrer la chouette. Les roseaux étaient bien moins propres à tracer les caractères romains que ceux de l'arabe ou du sanscrit. L'Egypte et la Corse fournissaient aux Romains leurs roseaux pour écrire. Les Turcs, les Grecs et les Persans s'en servent encore, et on les désigne en Asie sous le nom de *rallam*, d'où le *calamus* des Latins.

C'est Isidore qui, dans le viie siècle, parle le premier de plumes comme d'un instrument pour écrire. On serait porté à croire que les roseaux et les plumes ont été employés en même temps pendant cinq siècles; mais qu'enfin, au xe siècle, l'usage des plumes a prévalu et a été exclusivement adopté.

Vers le milieu du dernier siècle, le sieur Arnoux, mécanicien, avait imaginé de faire des plumes d'un métal assez dur pour résister beaucoup plus longtemps que les plumes ordinaires, et assez flexible pour former les plus fines liaisons de l'écriture. En l'an X, Barthelot a inventé de nouvelles plumes dont le *Moniteur* de la même année, page 522, rend un compte très-favorable : « On ne taille pas ces plumes, qui sont d'argent préparé exprès, et infiniment supérieur pour la durée et par son élasticité à l'argent ordinaire, ce qui les rend aussi douces que les plumes d'oie. »

L'encre des anciens n'était autre chose que du charbon de cœur de pin pulvérisé dans un mortier et détrempé, auprès du feu ou du soleil, avec de la gomme pour lui donner de la consistance.

Deux Athéniens, Polygnote et Mycon, qui excellaient dans la peinture, sont les premiers qui aient fait de l'encre de marc de raisin, que l'on nomma *tryginum*, c'est-à-dire fait de lie de vin.

Les empereurs et les rois écrivaient avec une encre pourprée, qui était composée de coquilles pulvérisées et de sang tiré de la pourpre. Il n'était permis qu'à eux d'écrire avec cette encre, appelée par les Latins *encaus-*

tum. Selon Pline, le seul des anciens qui rapporte les différentes manières de faire de l'encre usitées de son temps, l'encre la plus commune, et celle dont on se servait pour écrire des livres, était faite avec de la suie d'un bois résineux appelé *tœda*, mêlée avec celle que l'on tirait des tuyaux de cheminées, et dans laquelle on faisait fondre de la gomme. Le même auteur parle d'une espèce d'encre qui venait des Indes, et dont il ignore la composition ; mais il prétend que toute sorte d'encre doit être mise au soleil pour acquérir sa perfection, et que celle dans laquelle on faisait infuser du vin d'absinthe empêchait les souris de ronger les livres.

Les anciens faisaient encore de l'encre avec le sang de certains poissons qui l'avaient noir. Ils se servaient d'une liqueur rouge pour écrire les titres des livres et les grandes lettres : c'était, selon Ovide, du vermillon ou quelque autre liqueur dans laquelle on faisait infuser du bois de cèdre.

Quoique l'écriture en lettres d'or et d'argent, pour le titre des livres et pour les grandes lettres, soit très-ancienne, on ne peut cependant assurer qu'elle fut en usage chez les Romains, surtout du temps de la république.

Les Hollandais attribuent à Laurent Coster, natif d'Harlem, l'invention de l'encre dont les imprimeurs se servent de nos jours.

Nous avons déjà vu que les anciens ont écrit d'abord

sur des feuilles de palmier, puis sur des écorces d'arbres, d'où est venu le mot *liber*. On se servit ensuite de tablettes enduites de cire sur lesquelles on traçait les caractères avec un poinçon dont l'un des bouts était aigu pour écrire, et l'autre plat pour pouvoir effacer. Enfin l'on introduisit l'usage du papier.

C'étaient des feuilles propres à écrire, faites de l'écorce d'une espèce de roseau nommé *papyrus;* d'où est venu le mot *papier*. Cette plante croît sur les bords du Nil. Elle pousse quantité de tiges triangulaires, hautes de six ou sept coudées. On n'est point d'accord sur le temps où l'on commença à se servir du papyrus pour l'usage de l'écriture. Varron place cette découverte au règne d'Alexandre; mais Pline révoque en doute ce sentiment et rapporte, suivant un historien, qu'un Romain, travaillant à un fonds de terre qu'il avait sur le Janicule, trouva dans une caisse de pierre les livres du roi Numa, écrits sur du papyrus. Il dit encore que Mucienus, qui avait été trois fois consul, assurait qu'étant préfet de Lycie, il avait vu dans un temple une lettre sur du papier d'Egypte, écrite de Troie par Sarpedon, roi de Lycie. Mais on a d'autres preuves de l'usage du papier en Egypte avant la fondation d'Alexandrie, comme on peut s'en assurer par la lecture d'Homère, d'Hérodote, d'Eschyle et de Platon.

Il est à propos de remarquer qu'en France et en Allemagne, pendant le ve et le vi^e siècles, on ne se servait point d'autre matière pour écrire; que pendant le viie et le viiie siècles, les changements survenus en Orient par les ravages des Arabes obligèrent les peuples du nord de l'Europe à employer le parchemin; mais qu'ensuite on recommença à se servir du papyrus, qui était encore en usage même au xiie siècle : en effet, le papier de chiffons ne date parmi nous que de cette dernière époque.

Quoique l'on connaisse à peu près l'époque de l'établissement des papeteries en Europe, on ne sait à qui faire l'honneur de cette invention. Scaliger plaide en faveur de l'Allemagne; le comte Maffei parle pour les Italiens; d'autres auteurs l'attribuent à des Grecs réfugiés à Bâle, à qui la manière de faire le papier de coton dans leur pays en suggéra l'idée.

Ce papier de coton paraît avoir succédé au papyrus chez les Orientaux vers le ixe siècle; il s'y multiplia beaucoup surtout au xiie. Cependant l'usage n'en devint général que vers le commencement du xiiie; encore ce papier était-il presque inconnu chez les Latins, si l'on en excepte quelques contrées d'Italie liées de commerce avec la Grèce.

Quoiqu'il soit probable que dès la fin du xie siècle, on connaissait l'art de fabriquer le papier de chiffons en Europe, il ne fut cependant d'un usage général, comme nous venons de le remarquer, que vers le milieu du xiiie; et même ce ne fut que sous le règne de Philippe de Valois, vers 1340, que les manufactures de papier s'établirent en France. La Grande-Bretagne tirait encore son papier de l'étranger pendant le xvi⁰ siècle, puisque sa première manufacture, établie à Hertford, est de 1588.

La plus ancienne feuille de papier de chiffons est de 1319; c'est M. de Murr qui l'a déterrée dans les archives de Nuremberg.

La machine destinée à couper les chiffons pour la fabrication du papier n'a été inventée en Allemagne que vers le milieu du dernier siècle. Elle est mise en mouvement par l'eau et coupe les chiffons sans qu'on ait autre chose à faire qu'à lui en fournir. Mais cette machine a depuis longtemps reçu un grand perfectionnement en France, où de nouvelles machines ont été inventées.

Les auteurs chinois les moins suspects font remonter l'origine de leur papier au delà de deux mille ans. Chaque province de la Chine a le sien.

Le papier de la Chine est très-beau, plus doux, plus uni que celui d'Europe, et d'une grandeur à laquelle toute l'industrie européenne est parvenue depuis peu à atteindre.

On fabrique aussi du papier de soie à la Chine; mais le plus beau papier de soie de toute l'Asie est celui qui se fait à Samarcande, principale ville de la grande Tartarie.

Le papier du Japon se fait avec l'écorce du *kaadsi*, véritable arbre à papier. Avant d'être réduite en pâte propre à faire du papier, cette écorce doit subir de longues préparations.

Le *papier vélin* est dû aux Anglais ; du moins, nous présumons que Baskerville en est l'inventeur. La première édition de son *Virgile*, qui parut en 1757, était imprimée en grande partie sur cette sorte de papier.

Johannot et Réveillon ont fait l'essai du papier vélin en France en 1780 et 1782 ; mais c'est Montgolfier, manufacturier à Annonay, qui a le premier monté sa papeterie sur les principes adoptés en Hollande, et qui a le premier fabriqué du papier vélin en France.

On sait que le *vélin* est une espèce de parchemin qu'on nomme ainsi parce qu'il est fabriqué de la peau d'un veau mort-né ou de celle d'un veau de lait. Il est beaucoup plus blanc, plus fin et plus uni que le parchemin fait avec la peau de mouton ou de chèvre.

Saint Jérôme, et après lui la plupart des savants, font honneur de l'invention du vélin à Cratès le grammairien, contemporain d'Attale et son ambassadeur à Rome.

L'invention du papier maroquiné, qui imite parfaitement le maroquin, est due aux Allemands ; mais il a été imité et perfectionné, en 1804, par Boehm et Rœderer de Strasbourg, et, en 1808, par Forget de Paris.

Les Anglais réclament l'invention des papiers veloutés, que les Français attribuent à un gaînier de Rouen, nommé François, et qui l'imagina en 1620.

Déjà, en 1723, M. Derham présenta à la Société royale de Londres de très-bon papier gris et gris-blanc, fait d'orties et d'autres plantes.

Van-Flauten et C°, à Rotterdam, inventeurs d'un papier fait avec la mousse aquatique, obtinrent en 1823 un brevet pour la confection, pendant dix ans, dans le royaume des Pays-Bas, de ce papier reconnu incorruptible, imperméable et préservatif contre la pourriture du bois, objet intéressant pour la construction navale et les ouvrages hydrauliques.

Le vieux linge, la paille, l'ortie, ne sont pas les seules matières employées : l'écorce de tilleul, le genêt, le houblon, le lichen, le jonc, les feuilles de chardon, de châtaignier et autres, ont servi à faire du papier, qu'on peut fabriquer aujourd'hui en rouleaux d'une longueur indéfinie.

Les marchands qui alimentent les papeteries envoient souvent leurs chiffons tout lavés ; mais quand il n'en est pas ainsi, on commence par les laver dans les fabriques ; puis des femmes, qu'on appelle *chiffonnières*, procèdent à une première opération, le *délissage* : elles prennent un à un les chiffons, les posent sur des établis dont l'intérieur est grillagé en fer, afin de donner passage à la poussière et aux corps étrangers, et, au moyen de serpes fixées perpendiculairement sur les établis, les coupent en morceaux de 5 centimètres sur 10, après en avoir retiré les boutons, les ourlets et les coutures. Le *triage* se fait ensuite en répartissant dans les divers compartiments d'une caisse chaque espèce de chiffons, qui sont ensuite coupés par morceaux plus petits par un petit laminoir appelé *coupeuse*. La matière qui va bientôt se convertir en papier est alors soumise au *lessivage* dans une cuve ou pile en bois ou en pierre, ou dans une vaste chaudière de cuivre contenant des alcalis, de la chaux et du carbonate de soude.

Le *défilage* vient immédiatement après. Cette opération, qui réduit le chiffon en pâte, se faisait autrefois à l'aide de maillets garnis de lames de fer, et qui, mus par un arbre commun, battaient tour à tour les chiffons humectés dans une auge à fond garni de fer. Aujourd'hui le défilage se fait presque partout dans une grande cuve de forme ovale, en bois ou en fonte, appelée *pile*, contenant une platine et un cylindre armés l'une et l'autre de lames de fer ou de bronze.

Le *blanchiment*, qui vient ensuite, se fait en empilant les chiffons défilés dans des armoires en pierres ou en briques, dans de grandes caisses doublées en bois ou en plomb, où l'on fait dégager du chlore à l'état gazeux, après les avoir hermétiquement fermées. On blanchit aussi au *chlorure de chaux* dans des tonnes sans couvercle, au milieu desquelles se trouve un agitateur. La pâte, une fois blanchie, doit enfin être soumise à un nouveau *lavage* dans une pile à étuver, et au *raffinage* dans une pile appelée *raffineuse*, et organisée à peu près comme la défileuse.

Le raffinage consiste à mélanger diverses sortes de pâtes, suivant la qualité du papier que l'on veut fabriquer.

Si l'on veut que le papier soit *collé*, on doit placer dans la cuve du cylindre raffineur la quantité voulue de colle végétale, composée de résine dissoute dans du sel de soude et mélangée dans de la fécule et de l'alun. Le collage à la colle animale se fait, non pas dans la pile, mais sur la machine même. Si l'on veut azurer le papier, on doit également placer dans la pile la quantité nécessaire d'outremer ou de bleu de Prusse.

Après ces opérations, la pâte descend dans des cuviers, d'où elle sort pour se transformer en feuilles de papier ou en feuilles continues, suivant la machine employée.

Les papiers faits avec les chiffons de lin ou de chanvre sont beaucoup plus résistants que ceux qui sont faits avec le coton. La laine, la soie, et en général les matières animales, sont impropres à la fabrication du papier. La pâte des gros papiers qui servent à faire des sacs ou des enveloppes de paquets contient une assez grande quantité de paille hachée et de filasse, qui lui donne beaucoup de solidité. Le papier à décalquer ou *papier végétal* est fait avec la filasse du lin ou du chanvre, prise en vert. Le carton se fabrique avec de vieux papiers qu'on remet en pâte, puis que l'on moule en plaques un peu épaisses ; on fait ensuite adhérer ces plaques les unes aux autres en les soumettant à l'action de la presse.

Quelques papiers peuvent contenir du *cuivre*, du *plomb*, de l'*arsenic*, provenant de ce que l'on fait entrer dans la pâte des rognures colorées par des composés de cuivre et d'arsenic, et des débris de cartes dites *porcelaines*, préparées, comme on le sait, avec la céruse et le sulfate de plomb. Les quantités de métaux qu'on trouve ainsi dans des papiers livrés au commerce pour envelopper diverses marchandises sont, à la vérité, très-minimes : mais il est utile qu'on le sache pour les présenter au besoin à l'analyse du pharmacien ou du chimiste.

Il y a quelques années, on a vendu à Bruxelles un papier *arsenical* propre à faire mourir les mouches. Il était préparé à l'aide d'une forte dissolution de sel d'arsenic et de potasse uni à un peu de gomme et de sucre. Ce papier se prépare et se vend maintenant, en France, dans diverses localités.

Les papiers coloriés avec des substances minérales, cuivreuses ou arsenicales, doivent être proscrits pour envelopper des bonbons, sucreries, matières alimentaires.

Une ordonnance de police concernant les confiseurs, épiciers et autres marchands, défend d'envelopper directement ou de couler des sucreries dans des papiers blancs lissés ou dans des papiers coloriés avec des substances minérales, le bleu de Prusse et l'outremer exceptés ; de placer des bonbons dans des boîtes garnies de ce papier.

Les papiers blancs ou colorés qui servent à envelopper les produits commerciaux sont rendus pesants en introduisant dans la pâte des matières comme le kaolin, la terre de pipe, le plâtre cru, le sable, le grès ou des argiles.

Machine à couper le papier.

Ces additions constituent une double fraude : elles rendent plus lourd, à surface égale, le papier qui se vend au poids, et diminuent beaucoup sa tenacité; elles tournent au détriment de l'acheteur, car le poids de ces papiers vient s'ajouter à celui des marchandises auxquelles elles servent d'enveloppe.

Il n'y a rien d'assuré sur la première origine des livres; et de tous ceux qui existent, les livres de Moïse sont incontestablement les plus anciens. Les livres d'Homère ne viennent qu'après.

Les Grecs avaient des écrivains dont la profession consistait à copier des livres; on les appelait *bibliographoï*; d'autres qui peignaient les lettres, nommés *kalligraphoï*. Il y avait aussi des libraires qui vendaient des livres, qu'ils faisaient copier par des scribes. Ces livres n'étaient pas reliés comme les nôtres; c'étaient de longs rouleaux composés de plusieurs feuilles de papier attachées et collées les unes aux autres. A Athènes, les libraires avaient des boutiques publiques où s'assemblaient ordinairement les savants, parce que c'était là qu'on lisait les livres nouveaux et qu'on les appréciait.

Les Romains avaient des copistes de livres, qu'ils appelaient *librarii*, et des marchands qui les vendaient, *bibliopolæ*; ils avaient, en outre, des esclaves fort habiles pour les coller, *glutinatores*. Du temps de la république, les personnes riches avaient dans leur maison plusieurs copistes ou secrétaires, la plupart esclaves ou affranchis, pour copier les manuscrits nouveaux. Ce ne fut guère que sous l'empire d'Auguste que les libraires marchands de livres furent introduits à Rome. Les boutiques étaient ordinairement placées autour des piliers des temples, des édifices publics, et surtout dans la place romaine. C'était à ces piliers qu'on affichait tous les livres nouveaux et les objets qu'on avait perdus.

Avant l'invention de l'imprimerie, les libraires-jurés de l'Université de Paris faisaient transcrire les manuscrits et en apportaient les copies aux députés des Facultés pour les revoir et les approuver, afin d'en afficher la vente.

Ces éditions, étant le fruit d'un travail long et pénible, ne pouvaient jamais être nombreuses ; aussi les livres étaient-ils alors très-rares et très-chers. Un ouvrage un peu considérable s'achetait comme une terre ou une maison ; on en faisait des contrats par-devant notaire. Il en fut passé un, en 1332, entre Gérard de Montagu, avocat du roi au Parlement, et le libraire Geoffroy de Saint-Léger, pour le livre : *Coup d'œil historique des habitudes parisiennes.* L'histoire rapporte que, du temps de Guillaume le Conquérant, les livres étaient si rares, qu'une collection d'homélies fut achetée deux cents moutons et une voiture de froment.

Les libraires étaient alors lettrés, et même savants ; ils faisaient partie du corps de l'Université et jouissaient de ses priviléges. Cette prérogative leur a été confirmée par plusieurs lettres patentes, édits et déclarations, ainsi que par le règlement du 28 février 1723, qui, l'année suivante, devint commun à tout le royaume.

Quant aux bibliothèques, les Juifs sont le premier peuple qui en ait eu. Outre les tables de la Loi, les livres de Moïse et ceux des Prophètes, qui étaient conservés dans la partie la plus secrète du sanctuaire, il y avait encore une bibliothèque dans chaque synagogue. C'est chez les Egyptiens qu'on trouve ensuite l'exemple de la plus ancienne bibliothèque dont il soit parlé dans l'histoire : c'est celle du superbe tombeau d'Osymandias. Il y avait encore celle de Memphis, déposée dans le temple de Vulcain. Mais la plus riche qui ait jamais existé est celle des Ptolémées à Alexandrie. On y compta jusqu'à quatre cent mille volumes, qui furent détruits en 650 par l'ordre du calife Omar.

Pisistrate fut le premier des Grecs qui recueillit les ouvrages des savants, et forma à Athènes une bibliothèque publique. A Rome, Paul-Emile apporta le premier une grande quantité de livres qu'il avait amassés en Macédoine et dans la Grèce ; il en composa une bibliothèque particulière. Sylla suivit son exemple, et ensuite Lucullus. Ce dernier fit transporter à Rome la riche bibliothèque qu'il avait trouvée à Bergame ; et, pour la placer commodément, il fit construire un vaste bâtiment orné de portiques et de galeries, avec de grandes salles où s'assemblaient les savants pour conférer des matières de littérature. Ce fut la première bibliothèque publique qu'on vit à Rome. Le goût des bibliothèques particulières se répandit bien vite, surtout depuis que les Romains se furent rendus maîtres de la Grèce.

Eusèbe nous atteste aussi que chaque église avait sa bibliothèque chez les premiers chrétiens ; mais elles furent détruites par Dioclétien. Enfin, les barbares qui inondèrent l'Europe détruisirent partout les bibliothèques ; quelques ouvrages échappèrent à peine à leur fureur, et ce fut dans les monastères que l'on conserva une partie des livres anciens qui sont venus jusqu'à nous.

Aujourd'hui, toutes les nations possèdent d'immenses bibliothèques, et la littérature vénale répand partout une immense quantité de livres niais ou pernicieux.

Le journal existe en Chine de temps immémorial, mais il se borne à traiter de ce qui intéresse cet empire.

Ce ne fut qu'au commencement du xviie siècle que l'usage des *gazettes* fut établi à Venise, dans le temps que l'Italie était encore le centre des négociations de l'Europe.

On appela ces feuilles *gazettes*, du nom de *gazetta*, petite monnaie, valant un de nos demi-sous, qui avait cours à Venise. Cet exemple fut ensuite imité dans toutes les grandes villes de l'Europe.

Le médecin Renaudot donna en France les premières gazettes, en 1631. Ce docteur, grand nouvelliste, ramassait de tous côtés des nouvelles pour amuser ses malades. Il se vit bientôt plus à la mode qu'aucun de ses confrères ; mais comme toute une ville n'est pas malade, ou ne s'imagine pas l'être, il pensa qu'il pourrait se faire un revenu plus considérable en donnant chaque semaine des feuilles volantes qui contiendraient les nouvelles de divers pays. Ce fut l'origine de notre gazette.

A l'imitation des gazettes politiques, on commença en

France, en 1665, à imprimer des gazettes littéraires. Les premiers journaux ne furent, en effet, que de simples annonces de livres nouveaux. Bientôt après, on y joignit une critique raisonnée. Le *Journal des Savants*, qui parut le 5 janvier 1665, fut le premier de ce genre.

La publication de ce journal donna naissance à une multitude d'ouvrages périodiques du même genre, parmi lesquels on remarque le *Mercure de France* et l'*Année littéraire* de Fréron, qui la commença en 1754, et la continua jusqu'en 1776. Elle se maintint après lui jusqu'en 1790, et la collection complète forme environ 290 volumes. Aujourd'hui, le nombre des ouvrages périodiques est effrayant : il y en a plusieurs pour chaque science spéciale et pour chaque industrie.

Ce serait une tâche infinie que de mentionner tous les journaux politiques qui ont paru et qui paraissent aujourd'hui.

III.

Imprimerie et Gravure ; Émail et Miroir.

Plusieurs villes se sont disputé l'invention de l'imprimerie ; mais l'honneur de cette découverte appartient à Mayence. Jean Gutenberg, natif de cette ville, imagina de graver sur des planches de bois des pages entières, que l'on imprimait ensuite autant de fois que l'on voulait. Ce fut là le premier pas. C'était beaucoup, mais ce n'était pas assez. Il fallait un travail immense pour graver ainsi un seul ouvrage ; et Gutenberg, voulant économiser le temps, mit en œuvre un nouveau moyen : il sculpta en relief des lettres mobiles, ou sur bois, ou sur métal. Ces lettres se plaçaient les unes à côté des autres, enfilées par un cordon, comme les grains d'un chapelet. On présume qu'il fit ce second essai à Strasbourg en 1440.

Ces tentatives lui réussirent peu et épuisèrent sa fortune. Il se vit obligé, en 1444, de retourner à Mayence, et de s'associer avec un orfévre de cette ville, appelé Fust, qui fournit les fonds nécessaires. On admit dans la société un écrivain de profession, homme industrieux, nommé Pierre Schœffer, natif de Gernzheim en Allemagne. Ce fut lui qui acheva la découverte de l'imprimerie, en trouvant le secret de jeter en fonte les caractères que jusqu'alors on avait sculptés un à un. Cette nouvelle invention (1452) ne laissait plus rien à désirer, que la perfection.

Les trois associés paraissent avoir travaillé ensemble jusqu'en 1455, et il est très-probable que ce sont eux qui ont mis au jour une Bible sans date et sans aucune indication du nouvel art qui l'avait produite, et dont les caractères sculptés en bois et mobiles attestent une antiquité plus reculée que la Bible connue de Fust et de Schœffer, imprimée en 1462, en caractères de fonte. Il ne nous est parvenu de cette première Bible que le second volume, qui existait à la bibliothèque Mazarine.

Gutenberg se sépara de ses associés vers 1455 et mourut en 1468. Il était depuis 1465 attaché à l'électeur de Mayence, Adolphe de Nassau, en qualité de gentilhomme, avec des appointements annuels. L'électeur qui accueillait si honorablement Gutenberg forçait en même temps les imprimeurs d'abandonner la ville que l'on pouvait appeler leur patrie. Ayant surpris Mayence, et

Gutenberg et ses associés.

usant du droit du vainqueur, il lui ôta ses libertés et ses priviléges. L'industrie souffrit de ce despotisme; les ouvriers s'enfuirent, et les imprimeurs se dispersèrent en différentes contrées de l'Europe.

Udalric, Han, Suvenheim et Arnold Pannaris, se rendirent à Rome, où on les logea dans le palais des Maximes. Ils y imprimèrent en 1467 la *Cité de Dieu* de saint Augustin, une *Bible latine*, les *Offices* de Cicéron, et quelques autres livres. A Venise, Jean de Spire et Vaudelin, en 1471, publièrent les *Epîtres* de saint Cyprien, et, dans la même année, Sixtus Rusurger fit paraître à Naples quelques ouvrages de piété. A Milan, Philippe de Lavagna mit au jour un *Suétone*, en 1475. Les grandes villes de l'Europe eurent bientôt des imprimeries, et Strasbourg fut célèbre par les beaux caractères de fonte de Jean de Cologne.

Ce fut vers 1469 que l'imprimerie commença à être exercée à Paris. On doit son établissement aux docteurs de la Sorbonne, qui appelèrent trois imprimeurs de Mayence. Le premier livre qu'ils publièrent fut les *Epîtres de Gaspard Rinus Pergamensis.* Le caractère dont ils se servirent pour l'impression de cet ouvrage et de quelques autres est rond, de gros-romain. Il s'y rencontre souvent des lettres à demi formées, des mots achevés à la main, des inscriptions manuscrites, les lettres initiales en blanc, pour donner le moyen de les peindre en azur ou en or.

Vers la fin du xve siècle on faisait de très-beaux caractères romains; et la réputation que Simon de Colines s'acquérait dans cet art à Gentilly, près Paris, Alde Manuce la méritait à Venise. Robert Grandjean se distinguait, en 1570, dans les caractères italiques, qui furent longtemps estimés. On s'en dégoûta au commencement du xviiie siècle, et les caractères des sieurs Paujeon et Alexandre furent préférés à juste titre, quoiqu'ils ne soient pas comparables à ceux que Fournier fit paraître en 1742, et qui approchent de notre manière d'écrire, par la figure, les pleins et les déliés qu'il a su leur donner. Cet habile artiste, ayant remarqué que l'imprimerie manquait de grandes lettres majuscules pour les placards, affiches et frontispices, en grava de quinze lignes géométriques de haut, c'est-à-dire une fois plus grandes que celles dont on usait auparavant.

M. Firmin Didot a porté les caractères d'écriture au plus haut point de perfection. L'art de graver et de fondre les caractères est parvenu de nos jours à un degré de perfection qui laisse difficilement concevoir qu'il puisse s'élever plus haut.

Puis vint la *stéréotypie*, c'est-à-dire l'art de convertir en formes solides des planches composées avec des caractères mobiles.

On a longtemps regardé William Ged, orfévre à Edimbourg, comme l'inventeur du stéréotypage. Mais le *Moniteur* de l'an X, page 686, nous apprend que les planches stéréotypées coulées étaient connues en France dès l'année 1735, et qu'elles y étaient en usage chez l'imprimeur Valleyre. Ainsi, quand William Ged publia son *Salluste*, d'après ce procédé typographique, en 1739, il n'avait fait que perfectionner ce que les Français avaient inventé.

De l'Europe, l'art de l'imprimerie passa en Amérique. Boston et Philadelphie eurent bientôt leurs imprimeries, et ce fut dans cette dernière ville que le célèbre Franklin travailla dans sa jeunesse comme simple ouvrier imprimeur. Quand ce pays se fut séparé de la mère-patrie pour former la confédération des Etats-Unis, l'imprimerie y fit des progrès si rapides, que ses ateliers dépassent aujourd'hui en nombre ceux de tous les autres pays, eu égard au chiffre de la population.

Sous le rapport de la variété des caractères particuliers aux langues étrangères, l'*Imprimerie nationale* de Paris est la plus riche qui existe au monde. Sans compter les caractères latins, elle possède les types de 16 corps de caractères différents, employés par des nations d'Europe, et ceux de 56 corps de caractères orientaux, servant à écrire presque toutes les langues asiatiques connues, tant anciennes que modernes. Elle possède, en outre, 126,000 groupes chinois de différentes grandeurs, gravés sur bois, et plus de 5,000 autres groupes qui, se décomposant et se combinant ensemble, suffisent à la composition des innombrables signes de cette langue singulière.

Les Anglais et les Américains s'appliquèrent les premiers à la construction de machines plus en harmonie avec les progrès de la mécanique.

Le triomphe de l'invention à cet égard est la presse mécanique Marinoni, où l'impression s'opère au moyen de cylindres, et avec une rapidité telle, que les plus grands journaux peuvent tirer 20,000 à l'heure.

Les essais de gravure sur bois ont précédé de beaucoup l'impression, et sans doute ont été le point de départ des recherches de Gutenberg. Mais, avant lui, les caractères étaient sculptés en relief dans une seule planche, tandis que pour l'impression actuelle chaque lettre est portée par une pièce distincte, ayant la forme d'une réglette carrée, de deux centimètres de longueur environ.

L'ouvrier, appelé *compositeur*, range les lettres à côté les unes des autres, sur une petite règle appelée *composteur*, et qui a la longueur de la ligne à composer. Les lignes sont ensuite disposées les unes au-dessous des autres dans une *forme*. On passe sur les lettres en saillie des rouleaux enduits d'une encre grasse, puis on étend une feuille de papier humide sur la forme, et sous l'effort de la presse mécanique ou à bras, l'encre passe des caractères sur le papier.

Les premières *épreuves* ainsi obtenues sont lues par le *correcteur*, qui indique, par des signes de convention, les fautes, les lettres omises, mal rangées, etc. Les ouvriers remanient les lettres de manière à exécuter les corrections indiquées, et tirent de nouvelles épreuves, en nombre égal au nombre d'exemplaires que l'on veut mettre en vente.

L'impression terminée, les caractères sont détachés des formes et retournent aux casiers, où le compositeur ira les reprendre pour composer d'autres feuilles.

Pour les ouvrages destinés à être imprimés un grand nombre de fois, on prend assez souvent une empreinte en creux du relief de la forme, et sur ce moule on produit en relief, par le coulage, une forme nouvelle, mais où tous les caractères font corps et appartiennent à une même plaque de métal. C'est là ce qu'on appelle le *stéréotypage*, dont nous avons parlé plus haut.

Les grandes lettres des affiches sont sculptées en relief sur un bois dur, comme le buis. Il en est de même des petites vignettes dites *gravures sur bois*, qu'on intercale dans le texte des livres.

Mais laissons là l'imprimerie proprement dite et cherchons les origines de la *gravure*, qui est un genre d'impression beaucoup plus antique.

Les anciens n'ont connu que la gravure en relief et en creux des pierres et des cristaux. L'éphod d'Aaron était orné de deux onyx montées en or, sur lesquelles on avait gravé en creux les noms des douze tribus. Il est vrai que pour la finesse de l'exécution, on ne doit pas comparer la gravure de quelques noms au travail et à la dextérité qu'exigent les figures, soit d'hommes, soit d'animaux, ou les sujets de composition; mais quant à l'essence de l'art, le procédé est toujours le même, et ne diffère que du plus au moins de perfection. On doit être étonné de voir que dès le temps de Moïse, et sans doute auparavant, on fût en état d'exécuter de pareils ouvrages.

Les Phéniciens, les Hébreux et quelques autres peuples de l'Orient, qui avaient reçu cet art des Egyptiens, le transmirent à leur tour aux Grecs, qui le communiquèrent aux Romains.

Après avoir été, pendant plusieurs siècles, enseveli sous les ruines de l'empire romain, cet art, ainsi que plusieurs autres, reparut au xvᵉ siècle, sous Laurent de Médicis. Plusieurs modernes s'appliquèrent à graver sur des pierres précieuses. Jean, natif de Florence, fut un des premiers qui s'adonnèrent à cet art. Dominique de Camei, de Milan, grava sur un rubis-balai le portrait du duc Louis, surnommé le More. On vit depuis des pièces achevées sorties des mains de Maria da Pascia, de Michelino, de Jean du Castel et autres.

Nos gravures en pierres précieuses sorties des mains de Guay sont des chefs-d'œuvre à mettre en parallèle avec ceux des anciens. En 1758, Rivas a inventé un nouveau procédé pour graver en pierre, procédé qui abrége les trois quarts du travail, et permet de faire en ce genre des ouvrages supérieurs à ceux des anciens.

Mariette cite Clément Birages comme le premier qui ait trouvé, en 1564, le moyen de graver sur le diamant, substance qui jusqu'alors avait résisté à toutes sortes d'outils.

On doit être étonné que les anciens, au génie inventif desquels nous devons tant de belles découvertes, n'aient pas essayé de graver sur le cuivre ou sur d'autres métaux les plus beaux morceaux de peinture, quoiqu'ils eussent trouvé le secret de tracer sur le marbre et sur le bronze leurs inscriptions et leurs lois. Cette invention était réservée aux modernes, et au temps du renouvellement des arts.

Pour l'estampe, la gravure en bois est la plus ancienne; elle paraît avoir donné naissance aux premiers essais de l'imprimerie. En 1430, on gravait déjà en bois les sujets de la Bible. On trouva même dans la bibliothèque des Chartreux, à Buxheim, une gravure en bois représentant Jésus porté par saint Christophe, en date de 1423, et il est à croire que cet art avait été cultivé avant ce temps; mais ce ne fut qu'au commencement du xvie siècle que le travail en ce genre acquit quelque mérite. A cette époque, Albert Durer grava en bois des dessins d'une si grande beauté, que le célèbre Marc-Antoine et d'autres graveurs italiens s'empressèrent de les imiter. On appliqua alors la gravure en bois à l'impression des cartes à jouer. Les toiles peintes ne parurent en France qu'au commencement du règne de Louis XIII. Il est certain cependant que la gravure en bois est fort ancienne à la Chine et aux Indes, où de temps immémorial on a fabriqué des toiles peintes, en gravant d'abord les caractères, qu'ils enduisaient d'encre et qu'ils appliquaient ensuite sur le satin et d'autres étoffes.

La gravure en cuivre est précisément le contraire de la gravure en bois, et il est étonnant que les anciens n'aient pas eu l'idée de tirer des empreintes des ouvrages qu'ils exécutaient.

Dans plusieurs anciennes églises, on trouve des tombeaux couverts de plaques de cuivre sur lesquelles on voit des gravures au simple trait, absolument semblables à nos planches gravées, et desquelles on aurait pu tirer facilement des empreintes. Il n'y avait qu'un pas de cette opération à celle de l'impression en taille-douce; mais ce n'est que vers le milieu du xve siècle que l'on fit cette découverte. On l'attribue à un orfévre de Florence, Masso Finiguerra. Il avait gravé sur un plateau d'argent quelques figures dont il désirait conserver une empreinte; il imagina d'enduire son travail de noir de fumée délayé dans de l'huile, et de presser son plateau sur un papier humide. Son opération réussit, et la gravure en cuivre, qui donna l'être aux estampes, fut dès lors inventée.

Les différentes espèces de gravure peuvent être séparées en trois divisions : la gravure en creux ou en *taille-douce*, et sur métal; la gravure en *relief*, soit sur le bois, soit sur le métal; la gravure en *bas-relief* ou de médailles et de pierres fines.

On ne peut, à proprement parler, regarder la gravure

sur pierres fines, sur verre ou en médailles, comme de la gravure; ces arts tiennent plutôt à la sculpture, et peuvent être considérés, relativement à elle, comme la miniature par rapport à la peinture; cependant la gravure de médailles, à laquelle appartient la gravure de cachets, a pu recevoir ce nom, parce que, de même que les graveurs en taille-douce, les artistes qui exercent cet art se servent pour creuser le métal d'outils nommés *onglettes*, qui ont quelque ressemblance avec le burin. Les coins au moyen desquels se frappe la monnaie ne sont pas gravés directement; on les obtient par la frappe d'un poinçon étalon et on les trempe ensuite. Quant à la gravure sur pierres fines, son résultat est en apparence le même que celui de la gravure de médailles; mais les moyens d'exécution sont tout à fait différents, puisque le seul outil qu'on emploie est un *touret*, espèce de tour qui met en mouvement la *bouterolle*, petit rond de cuivre ou de fer émoussé propre à user ou à entamer la pierre, et dont on augmente la puissance avec de la poudre de diamant et quelque liquide. Pour graver plus profondément, on emploie la pointe de diamant, qui entame toutes les pierres.

La gravure des poinçons d'imprimerie se fait par des procédés analogues à ceux de la gravure en médailles sur acier.

Dans la gravure sur métal, les traits qui donneront le dessin sont creux. Le graveur sur cuivre prend une plaque de ce métal bien dressée, qu'il fait chauffer légèrement, pour y étendre une couche de cire mêlée à de l'huile de lin et à une certaine quantité de noir de fumée. C'est sur cette couche qu'il trace son dessin, fait d'abord sur le papier, puis calqué sur un papier transparent, qui le reproduit renversé. Le graveur couvre de sanguine rouge le dos de ce calque, et applique le côté rougi sur la couche de cire. En passant sur tous les traits une pointe mousse, il transporte le dessin sur la plaque. Cela fait, avec une pointe d'acier, il suit les lignes rouges, et, en creusant la cire, met le cuivre à découvert, mais sans l'entamer.

Pour creuser le cuivre lui-même, il a recours à l'acide nitrique ou *eau-forte*. Il entoure sa planche de cuivre d'un petit rebord en cire, et verse dans cette espèce de cuvette une quantité d'eau-forte suffisante pour en couvrir le fond. L'acide ronge le métal partout où le burin l'a laissé à découvert, mais n'attaque pas la cire. Comme il est utile de creuser certains traits plus que les autres, le graveur enlève l'eau-forte, puis recouvre de cire les traits qui sont suffisamment creusés, et remet de l'eau-forte sur la plaque.

Le dessin une fois tracé par l'acide, on fait fondre la cire pour en débarrasser le cuivre, qu'on lave ensuite à l'essence de térébenthine.

Alors on passe sur la plaque un rouleau chargé d'encre grasse. Cette encre s'arrête dans les sillons du dessin, et ne prend pas sur les parties polies; il ne reste plus qu'à appliquer la feuille de papier sur la planche et à la soumettre à l'action de la presse.

Ce procédé de gravure, ou *gravure à l'eau-forte*, est le plus simple; il est loin d'exiger le même talent que la *gravure au burin*. Ici le graveur ne calque plus le dessin; il le copie immédiatement sur la planche de cuivre, qu'il creuse à la main avec des burins de diverses formes.

L'esprit humain n'avance que lentement dans la conquête des sciences de la vie. Nous l'avons vu tâtonner dans l'*imprimerie* et la *gravure*. Il en sera de même pour l'*émail* et les *miroirs*, qui demandent d'abord la fabrication du verre.

Pline rapporte que des marchands de nitre qui traversaient la Phénicie, s'étant arrêtés sur le bord du fleuve Bélus pour y faire cuire leur viande, mirent, au défaut de pierres, des morceaux de nitre pour soutenir leurs vases, et que ce nitre, mêlé avec le sable, ayant été embrasé par le feu, se fondit et forma une liqueur transparente et claire qui se figea et donna la première idée du verre.

Le verre se fait avec du sable, de la potasse ou de la soude, et de la chaux. Ces matières, plus ou moins pures, suivant le degré de transparence que l'on veut donner au verre, sont mises dans un creuset et exposées à un feu violent pendant trente heures. En ajoutant du minium, on obtient du *cristal*, avec lequel on fait la verroterie de luxe. Les verres de gobeletterie commune, ainsi que les verres à vitres, se font de préférence avec la soude.

Une verrerie avec ses ouvriers en travail.

Pour les bouteilles communes, on emploie des sables plus ou moins ferrugineux, de la craie et du sel de soude. La présence du fer donne à ces verres une couleur foncée.

Pour la fabrication des carafons, des verres, des flacons à dessins en relief, la goutte de verre que le souffleur prend au bout d'une longue canne creuse en fer et qu'il souffle comme une bulle de savon, est déposée dans un moule. Tous ces produits sont portés ensuite dans un four de recuit. Les verres à facettes sont taillés à la meule et usés avec de l'émeri et du tripoli.

Les verres de couleur ne sont que des verres ordinaires auxquels on ajoute, en les fabriquant, une certaine quantité d'oxyde qui colore. On a imité par ce moyen les pierres précieuses, et l'art est si avancé à cet égard, qu'on ne peut distinguer les pierres naturelles des pierres artificielles, qu'en ce que celles-ci sont moins dures que celles-là : telles sont surtout les émeraudes factices qui existent aujourd'hui dans le commerce, et dont la couleur est due à une certaine quantité d'oxyde de chrome.

L'*émail* est une préparation particulière du verre, auquel on donne différentes couleurs, tantôt en lui conservant une partie de sa transparence, tantôt en la lui ôtant; car il y a des émaux transparents et des émaux opaques.

Tout le monde sait que notre faïence n'est autre chose que de la terre commune émaillée de blanc et quelquefois peinte de plusieurs couleurs. Que ce mot nous vienne de Faënza, ville d'Italie, ou de *Fayence*, petit bourg de la Provence, toujours est-il vrai de dire que plusieurs de nos villes ont porté ce travail à un haut point de perfection.

L'Europe a aussi ses manufactures de porcelaine, parmi lesquelles on distingue celle de Saxe et celle de Sèvres, près Paris.

Verre de Murano.

Ce ne fut que dans l'avant-dernier siècle que le hasard fit connaître en Saxe un secret que les Chinois et les Japonais prenaient tant de soin de réserver pour eux seuls. Le baron de Bœticher, chimiste à la cour de l'électeur, en combinant ensemble des terres de différentes natures, pour faire des creusets, fit cette découverte précieuse.

Outre le kaolin, nous nous servons en France d'une terre d'une extrême blancheur, découverte en 1757 par Vilaris, à Saint-Yrieix en Limousin. En 1812, Desprez, fabricant de porcelaine à Paris, a présenté la composition d'une nouvelle pâte et un émail à l'épreuve du feu. C'est aux Français que l'on doit l'invention des beaux émaux épais et opaques à l'usage des bijoux d'or. Jean Toutin, orfévre de Châteaudun, fut le premier qui établit avec succès les bijoux émaillés (1630).

Ce genre de peinture, perfectionné par Gribelin et Morlière, donna le goût de faire des portraits en émail, dans un système bien différent de celui qui se pratiquait à Limoges, du temps de François Ier. La peinture de ceux-ci ressemble à un dessin aquarelle. Les carnations sont généralement ce qu'il y a de plus soigné; elles se détachent sur des fonds bleus, verts ou noirs, et les ombres sont simplement formées par des hachures. Cependant on recherche les portraits de Limoges pour leur grand éclat et la vérité dans la physionomie des personnages, quoiqu'ils aient peu d'harmonie dans le coloris.

Aujourd'hui les photographes font merveille avec leurs portraits émaillés, et la manufacture de Sèvres a porté au plus haut degré de perfection les dessins de sa fameuse porcelaine.

Quant aux *miroirs*, la nature a fourni aux hommes les premiers modèles. Le cristal des eaux servit leur amour-propre, et c'est sur cette idée qu'ils ont cherché les moyens de multiplier leur image. Les premiers miroirs artificiels furent de métal. L'usage en était établi chez les Egyptiens dès la plus haute antiquité. On ne peut pas en douter, lorsqu'on voit à quel point ils étaient communs parmi les Hébreux dans le désert.

Moïse dit qu'on fit le bassin d'airain destiné aux ablutions des miroirs offerts par les femmes qui veillaient à la porte du tabernacle. Cette quantité ne pouvait venir que de l'Egypte.

Encrier de Marie Leczinska (porcelaine de Sèvres).

Remarquons que les miroirs n'étaient pas alors de verre, soit qu'on ignorât l'art de faire les glaces, ou au moins le secret de les étamer. On faisait des miroirs de toutes sortes de métaux. Ceux des Egyptiens, comme nous l'apprenons du passage qu'on vient de citer, étaient d'airain fondu et poli. Encore aujourd'hui, dans tout l'Orient, presque tous les miroirs sont de métal; et si l'on y en voit quelques-uns de glace, ils ont été apportés par les Européens. Outre l'airain, on y employa aussi l'étain et le fer bruni; on en fabriqua depuis, qui étaient un mélange d'airain et d'étain. Ceux qu'on fit à Brindes passèrent longtemps pour les meilleurs de cette dernière espèce; mais on donna ensuite la préférence aux miroirs d'argent dont Pasitèles. contemporain du grand Pompée, fut l'inventeur.

Le métal, comme nous l'avons dit, fut longtemps la seule matière employée pour la fabrication des miroirs; il est cependant incontestable que le verre fut connu dans la plus haute antiquité, et il est d'autant plus étonnant que les anciens aient ignoré l'art de rendre cette matière propre à la représentation des objets en appliquant l'étain derrière les glaces, que les progrès dans l'art de la verrerie furent chez eux poussés fort loin. Il n'est pas moins surprenant que les anciens, qui connaissaient l'usage du cristal, plus propre encore que le verre à être employé dans la fabrication des miroirs, ne s'en soient pas servis pour cet objet. On ignore le temps où les anciens commencèrent à faire des miroirs de verre; on sait seulement que ce fut des verreries de Sidon que sortirent les premiers miroirs de cette matière.

L'invention des miroirs de glace soufflés doit avoir précédé de beaucoup le xiiie siècle, puisque les auteurs allemands de ce temps-là en parlent comme d'une chose très-commune. Conrad de Wurtzbourg dit même qu'on les fabriquait de cendres. C'est donc à tort que les Véni-

Jardinière de Sèvres.

tiens prétendent qu'eux seuls, au xiiie siècle, avaient possédé ce secret.

On ne se sert guère aujourd'hui de miroirs de métal que pour les télescopes et pour quelques instruments de physique. Pour les autres usages, on emploie des verres ou des glaces étamées. L'art s'est exercé à varier, comme chez les anciens, leur forme et leurs ornements.

C'est à Archimède qu'on attribue l'invention des miroirs ardents, dont il se servit si heureusement pour brûler la flotte des Romains qui assiégeaient Syracuse. On lira, sans doute, avec intérêt la description que nous a laissée Tzetzès de ce miroir ardent d'Archimède. « Archimède, dit Tzetzès, brûla les vaisseaux de Marcellus à l'aide d'un miroir ardent composé de petits miroirs qui se mouvaient en tous sens sur des charnières, et qui, exposés aux rayons du soleil et dirigés vers les vaisseaux romains, les réduisirent en cendres à la portée d'un trait. » Proclus, au rapport de l'histoire, usa du même moyen au siége de Constantinople pour embraser la flotte de Vitellius.

Buffon a prouvé qu'on ne pouvait établir aucun doute sur les effets d'un pareil miroir, quelque surprenants qu'ils parussent, puisque celui qu'il a composé de cent soixante-huit petits miroirs plans produit une chaleur assez considérable pour allumer du bois à deux cents pieds de distance, pour fondre le plomb à cent vingt et l'argent à cinquante.

IV.

Horlogerie, Automates, Machines merveilleuses.

Pour diviser le temps en parties égales, les peuples policés ont employé autrefois divers moyens. Ceux qui paraissent avoir été le plus anciennement et le plus généralement usités sont les horloges d'eau et les cadrans solaires. On voit par tout ce qui nous reste d'anciennes traditions, que les horloges d'eau ont été les premiers instruments qu'on ait imaginés pour se procurer une mesure artificielle du temps. Les Egyptiens faisaient remonter cette invention à la plus haute antiquité. L'usage de cette espèce de clepsydre a même subsisté chez ces peuples pendant bien des siècles.

En général on peut douter que l'art de diviser le jour en heures ait été connu dans les temps qui ont précédé la mort de Jacob. Les livres de Moïse servent plutôt à augmenter cette incertitude qu'à la détruire. Les différents moments de la journée n'y sont jamais désignés que d'une manière vague et incertaine : *sur le soir, au lever du soleil*, etc. Ces manières de s'exprimer peuvent faire douter qu'on eût alors inventé quelque méthode artificielle pour subdiviser les jours en parties égales.

Ce ne fut que plus tard qu'on fit attention à l'ombre du soleil, et sa hauteur servit à former de nouvelles divisions. Il est à remarquer que ce n'était pas la marche de l'ombre sur une surface plane qui déterminait ces divisions, ainsi que cela eut lieu sur les cadrans solaires que l'on fit par la suite, mais sa longueur plus ou moins grande. Il paraît que l'art de tracer un *gnomon* ou horloge solaire est dû aux Babyloniens ou aux Phéniciens, peuples commerçants et navigateurs, qui auront senti de bonne heure la nécessité de mesurer le temps avec quelque exactitude. Cette invention et la division du jour en douze heures passèrent des Babyloniens aux Grecs, qui, à une autre époque, les communiquèrent aux Romains. Comme il était utile de rendre général le bienfait de pareilles inventions, on érigea sur les places publiques des colonnes ou d'autres édifices sur lesquels l'ombre projetée indiquait l'heure de la journée. Ce fut l'astronome chaldéen Bérosus, qui vivait vers l'an 640 avant Jésus-Christ, qui apporta le premier aux Grecs l'art de diviser le jour en douze heures, et celui de construire des cadrans so-

laires. Anaximandre, environ un demi-siècle après, appliqua au gnomon ou cadran solaire l'aiguille qui sert à
désigner les heures. L'utilité des cadrans solaires en fit
imaginer de portatifs. Mais comme ces inventions n'é-
taient bonnes que pour le jour, et encore quand le soleil
n'était pas voilé par les nuages, il fallut avoir recours à
d'autres instruments pour mesurer le temps pendant la
nuit, ou lorsque le soleil ne paraissait pas. On inventa
les horloges de sable et les horloges d'eau.

Les cadrans solaires furent donc les premières mesures
du temps. Les indications de cet instrument reposent,
comme chacun sait, sur le mouvement de l'ombre que pro-
jette, sur une surface plane, une tige éclairée par le soleil.

Viennent ensuite les *clepsydres*, premiers essais d'horlogerie : c'est un vase plein d'eau et percé d'un petit
trou à sa partie inférieure. En recueillant et en mesu-
rant l'eau qui tombait goutte à goutte, on obtenait la
mesure du temps d'une manière plus ou moins précise..

« Vous empiétez sur mon eau, » disait Démosthènes;
ce qui signifie que la durée d'un discours était fixée au
moyen de la clepsydre. Par des progrès successifs, et au
moyen d'un flotteur qui, en s'abaissant au fur et à mesure de l'écoulement de l'eau, tirait verticalement un fil
enroulé sur l'axe d'une aiguille, on parvint à faire mouvoir les aiguilles d'un cadran au moyen de deux roues
dentées, de diamètre différent, dont l'une indiquait les
heures et l'autre les minutes.

Les *sabliers*, qui étaient encore en usage en 1656 dans les assemblées de la Sorbonne, et que les Egyptiens ont employés dès la plus haute antiquité, consistaient en deux petites bouteilles dont les goulots très-étroits étaient réunis. Une des petites bouteilles contenait du sable fin; l'intervalle que ce sable mettait à s'écouler d'une bouteille dans l'autre servait à la mesure du temps.

Quant aux cadrans, l'Ecriture nous apprend que dès le temps d'Achaz, roi de Juda, cinq ans avant l'ère de Nabonassar, et environ quatre cents ans avant Alexandre, il y avait à Jérusalem un cadran solaire. Il est très-vraisemblable que les Juifs tenaient des Babyloniens la connaissance de cet instrument mathématique.

Vitruve fait mention d'un cadran inventé par Eudoxe le Gnidien, dans lequel les lignes horaires et les arcs des signes s'entrecoupaient comme une toile d'araignée. Aristarque Samien plaça dans la superficie concave d'un hémisphère un cadran qu'il nomma *scape*. Apollonius de Perge imagina une autre sorte de cadran, auquel il donna le nom de *pharetra*.

Les cadrans ne furent connus des Romains que fort tard. Pline dit qu'avant l'an 400 de Rome, il n'est fait mention d'aucun calcul du temps, que celui qui se tirait du lever du soleil. Les Romains crurent leur science fort augmentée quand on y joignit le midi. Un crieur public se tenait en sentinelle auprès du sénat, et dès qu'il apercevait le soleil entre la tribune aux harangues et le lieu appelé *la station des Grecs*, où s'arrêtaient les ambassadeurs, il criait à haute voix qu'il était midi. Ce ne fut que vers l'an 417 de Rome que l'on vit pour la première fois, dans cette ville, un cadran solaire construit par Papirius Cursor; mais ce cadran allait mal. Trente ans après, le consul Valérius Messala apporta de Sicile un autre cadran, qu'il éleva sur un pilier, près de la tribune aux harangues; mais comme ce cadran n'était pas fait pour la latitude de Rome, il ne pouvait marquer l'heure véritable. On s'en servit néanmoins pendant quatre-vingt-dix neuf ans, jusqu'à ce que le censeur L. Philippus en fit construire un autre plus exact.

Vitruve fut le premier qui enseigna l'art de faire des cadrans. Le célèbre Picard a donné une nouvelle méthode, en calculant les angles que doivent former les lignes horaires. En 1683, de la Hire calcula ces lignes au moyen de certains points déterminés par observation.

Les horloges à roues, dont on attribue communément l'invention au moine Gerbert, qui devint pape sous le nom de Sylvestre II, et mourut en 1003, sont beaucoup plus anciennes. Elles étaient connues dès le ive siècle; ce n'est que par degrés qu'on les a perfectionnées.

La première horloge à roues qui ait paru en France fut envoyée à Pépin le Bref par le pape Paul Ier, l'an 760 de l'ère chrétienne.

Vers l'an 807, le calife Haroun-al-Raschid, ayant contracté une étroite amitié avec Charlemagne, lui fit, entre autres présents, celui d'une horloge dont nos historiens parlent avec admiration, et qui était vraisemblablement dans le goût de celle du pape Paul Ier. Ce n'était pas du moins une horloge sonnante; car il n'y en avait point de telle du temps de Charlemagne; il n'y en eut même que vers le milieu du xive siècle. De là vient l'ancienne coutume, qui se conserve en Allemagne, en Suisse, en Hollande et en Angleterre, d'entretenir des hommes qui avertissent de l'heure pendant la nuit.

Sous Louis XI, il y eut des horloges portatives à sonnerie.

Les Italiens imitèrent les premiers les horloges à roues du pape Paul et du calife des Abbassides, et la gloire en est due à Pacificus, archidiacre de Vérone, mort en 846.

Au commencement du xive siècle, on vit à Londres l'horloge de Wallingford, bénédictin anglais, et bientôt après parut celle de Jacques de Dondis, né à Padoue, laquelle marquait, outre les heures, le cours annuel du soleil suivant les douze signes du zodiaque, avec le cours des planètes. On la mit sur la tour du palais de cette ville, en 1344, et l'invention parut si merveilleuse, qu'on donna à son inventeur le nom d'Horologius, surnom qui est demeuré à ses descendants.

L'horloge de Dondis éveilla l'industrie et excita l'ému-

lation dans toutes les parties de l'Europe. Celle de Cour-
tray, que Philippe le Hardi, duc de Bourgogne, fit
transporter à Dijon en 1363, fut une des plus vantées.

Horloge astronomique de Strasbourg.

En 1370, Charles V fit venir d'Allemagne Henri de
Wick, qui fit l'horloge du Palais à Paris. C'est la première de cette espèce qu'ait eue la capitale. Vers 1550,

la mécanique des grosses horloges se perfectionna partout. Henri II fit construire celle d'Anet, où l'on voyait
un cerf qui frappait du pied les heures, et une meute de
chiens qui couraient en aboyant. Celle de Strasbourg
passe pour une des plus merveilleuses de l'Europe,
comme celle de Lyon est réputée la plus belle de France.
Nicolas Lippius, de Bâle, la construisit en 1598, et
Guillaume Nourrisson, habile horloger lyonnais, la répara et l'augmenta en 1660.

On inventa aussi dans le xvie siècle le ressort, formé
par une lame qui, pliée en spirale et renfermée dans un
tambour, a servi de force motrice à l'horloge et a été
substituée au poids. Cette invention, qui permettait de
rendre les horloges portatives, amena celle des montres.

En 1647 Huyghens appliqua aux horloges le pendule,
dont la découverte mémorable avait été faite par Galilée,
et le substitua au balancier. L'invention du pendule fit
appliquer de nouvelles divisions aux machines qui me-
surent le temps. On divisa l'heure en soixante parties
qu'on appelle *minutes*, la minute en soixante parties que
l'on nomme *secondes*, et la seconde en soixante parties
que l'on appelle *tierces ;* de sorte que la révolution jour-
nalière du soleil, d'abord divisée en vingt-quatre parties,
l'est maintenant en quatre-vingt-six mille quatre cents
secondes, que l'on peut compter. D'après ces divisions,
on commença à faire des horloges ou pendules qui mar-
quèrent les minutes et les secondes. Dans les dernières

années du xviie siècle, on inventa en Angleterre ce qu'on appelle la *répétition*, que l'on adapte aux pendules et aux montres, pour leur faire sonner les heures et les quarts.

L'invention des montres et des horloges à longitudes date du milieu du xviiie siècle. A cette époque et depuis, toutes les parties de l'exécution des pièces qui composent les horloges ont été portées à la plus grande précision par l'invention de divers instruments et outils.

Puis vinrent les *automates*, machines qui se meuvent d'elles-mêmes, et qui imitent les mouvements des corps animés.

Archytas de Tarente fit, vers l'an 408 avant l'ère chrétienne, un pigeon qui volait assez longtemps et s'abattait ensuite sans effort. Albert le Grand, dominicain et évêque de Ratisbonne, fit une tête d'airain qui prononçait des sons articulés. On ne connaît point de plus anciens automates. Parmi ces pièces réellement curieuses, on doit compter le joueur d'échecs de M. de Kempelen, conseiller des finances de l'empereur d'Autriche. Ce célèbre mécanicien avait annoncé cette machine dès 1769, mais il ne la fit voir à Paris qu'en 1783, au mois d'avril.

L'automate, habillé en Turc, était devant un bureau de trois pieds et demi, qui portait sur quatre roulettes; on le faisait mouvoir devant les spectateurs, on l'ouvrait pour leur montrer le cylindre et les rouages qui faisaient mouvoir le bras du joueur. Ce bras se levait lentement, avançait jusque sur la pièce qu'il devait prendre, ouvrait les doigts pour la saisir, l'enlevait, la transportait et la posait sur la case où elle devait être placée; le bras se retirait et se reposait sur un coussin. A chaque coup de l'adversaire, l'automate remuait la tête et parcourait des yeux tout l'échiquier; lorsqu'il faisait échec, il inclinait la tête pour avertir le joueur. Si celui-ci avait fait une fausse marche, l'automate prenait la pièce et la remettait à sa place en branlant la tête.

M. de Kempelen a fait voir aux membres de l'Académie des sciences un automate qui articulait distinctement plusieurs phrases. On avait regardé jusqu'alors comme impossible l'imitation de la voix humaine dans l'articulation des consonnes. M. Kratzeinstein était parvenu à imiter les voyelles (*Journal de Physique*, p. 358), mais il n'était pas allé plus loin, et ce ne fut que le 6 juillet 1783 que M. l'abbé Mical annonça, dans le *Journal de Paris*, une machine qui prononçait aussi quelques phrases.

En 1808, M. Maetzel fit voir à Paris, avec son *panharmonicon*, un automate représentant, en grandeur naturelle, un trompette du régiment des cuirassiers autrichiens de l'archiduc Albert de Saxe-Teschen. Cet automate sonnait toutes les manœuvres de la cavalerie et accompagnait le piano.

On finit à la vérité par faire des machines merveilleuses.

Corneille Drebel avait fabriqué un instrument de musique qui s'ouvrait seul au lever du soleil, et qui jouait de lui-même tant que le soleil était sur l'horizon ; lorsque le soleil ne paraissait point, et qu'on voulait entendre cet instrument, il suffisait d'échauffer la couverture de l'instrument, et il commençait à jouer comme quand le soleil était serein.

Maimbourg fait mention d'un arbre d'or de l'empereur Théophile, chargé de petits oiseaux qui produisaient un ramage semblable à celui des rossignols.

Regiomontanus fabriquait des aigles et des oiseaux qui volaient.

Boèce faisait des machines artificielles. Le roi Théodoric lui écrivit : « Par ton art les métaux mugissent, les oiseaux chantent, les serpents sifflent, et tu sais donner aux animaux une harmonie qu'ils n'ont pas reçue de la nature. »

Le *Journal des Savants* de 1680 parle d'un cheval artificiel capable de faire, dans une plate campagne, sept ou huit lieues dans un jour, et d'une statue de fer imaginée et exécutée par un prisonnier, laquelle étant sortie de la prison, alla, par plusieurs détours, présenter, à genoux, une requête au roi de Maroc, dans son palais, et retourna dans la prison.

On a vu à Paris une idole tout entière, bien proportionnée, distincte dans toutes ses parties, et placée dans une niche; le tout avait été fait au Japon avec la moitié d'un grain de riz; l'autre moitié de ce grain composait le piédestal sur lequel posait la niche avec la divinité.

Mais une machine vraiment merveilleuse, c'est la *machine pneumatique*. Le second de ces deux mots vient du grec *pneuma* (souffle, air). C'est une machine à l'aide de laquelle on vide ou du moins on raréfie considérablement l'air contenu dans un vase. Elle fut inventée, dans l'année 1653, par Otto de Guéricke, consul de Magdebourg, qui le premier la mit en usage. La machine pneumatique a été si généralement connue sous le nom de *machine de Boyle* ou *vide de Boyle*, que bien des gens ont cru qu'on en devait l'invention à ce physicien irlandais, mort à Londres en 1691. Robert Boyle ne l'a pas inventée; mais il a la gloire de l'avoir beaucoup perfectionnée et de l'avoir appliquée le premier à des expériences curieuses et utiles.

Pompez l'air d'un récipient, il paraît au premier, au second ou au troisième coup de piston, selon la grandeur du récipient, une vapeur qui l'obscurcit. Cette vapeur est l'effet des corps étrangers dont l'air est chargé. Ce fluide, en se raréfiant, n'est plus en état de les soutenir; ils se réunissent donc et tournent en tombant, parce qu'ils sont heurtés par l'air qui sort rapidement du récipient et entre dans la pompe. Une vieille pomme se déride dans le vide. Une bouteille de verre mince et bien bouchée crève sous le récipient. Une vessie dans laquelle il ne reste que très-peu d'air enfermé ne manque pas de s'enfler, quand elle serait surchargée d'un poids de quinze livres. Les oiseaux, les souris, les lapins soutiennent à peine le vide une demi-minute. Un chat fait les mêmes grimaces que s'il criait, grimpe contre le

Machine pneumatique.

verre, enfle, écume et crève. Les oiseaux entrent en convulsion, se vident assez souvent par le bec ou par les voies ordinaires, et meurent lorsqu'on a pompé les deux tiers environ de l'air du récipient. Ceux qui volent très-haut le soutiennent mieux que les autres. L'hirondelle y vit plus longtemps que le moineau. L'air étant le véhicule du son, un réveil placé dans le vide n'est plus entendu, et un peu de poudre donne une flamme bleue, sans explosion.

En 1779, le sieur Fortin, ingénieur mécanicien, présenta à l'Académie des sciences une machine pneumatique à deux corps de pompe, d'une construction très-ingénieuse. Cette nouvelle invention, supérieure à toutes les machines déjà connues du public, mérita l'approbation et les éloges de l'Académie.

« Le remplacement du travail manuel par les machines, est-il dit dans la *Bibliothèque britannique*, a donné à la fabrication une exactitude qu'elle n'aurait jamais acquise sans ce secours. Il a procuré les moyens de répandre les produits manufacturés dans le monde entier, et de faire participer aux avantages de l'industrie des nations qui n'en auraient jamais éprouvé le bienfait. Le travail des métaux, par un principe de mouvement aussi puissant que la chute des eaux ou les machines à feu, n'aurait point été jugé possible autrefois, et les effets de la vapeur, si on les eût annoncés tels que nous les voyons, eussent paru fabuleux. »

Les machines sont plus ou moins compliquées. On appelle *simples* celles auxquelles il est possible de ramener toutes les autres, et *composées* celles qui ne sont que des combinaisons des machines simples. A la première classe appartiennent les cordes, les poulies, le levier, le tour et le plan incliné. Parmi les machines composées se rangent le coin, les roues dentées, le cric, la vis, la vis sans fin, les mouffles, et mille autres combinaisons. On distingue des machines *hydrauliques*, des machines à calculer et à coudre, des machines électriques et de compression, des machines pneumatiques et soufflantes, et enfin des machines à *vapeur*, qu'on divise en machines fixes (pour les usines), en machines de navigation (bateaux à vapeur), en *locomotives* pour les chemins de fer, et en *locomobiles* pour l'agriculture.

A la fin du xviiᵉ siècle, des expériences de Torricelli et de Pascal sur la pesanteur de l'air, et la découverte de la machine pneumatique par Otto de Guéricke, avaient fait espérer qu'on arriverait à l'emploi de la pression de l'air comme force motrice. Notre illustre Denis Papin résolut d'employer comme moteur direct une machine pneumatique exécutée en grand et destinée, disait-il, « à transporter au loin la force des rivières. » Des expériences furent faites en 1687, devant la Société royale de Londres. Bien qu'elles aient échoué, elles n'en sont pas moins le principe sur lequel reposent les chemins de fer atmosphériques actuels.

A la suite de cet échec, Papin essaya, sans plus de succès, d'employer la poudre à canon pour faire le vide dans le tuyau de pompe. Enfin, il eut l'idée — et c'est là ce qui rend son nom immortel — d'utiliser la vapeur d'eau pour faire ce qu'il ne pouvait obtenir avec la poudre. Dans son appareil, Papin combina le premier la force élastique de la vapeur d'eau avec la propriété qu'a cette vapeur de s'anéantir par voie de refroidissement. Mais cet appareil ne fut jamais exécuté en grand, et ses expériences furent toujours faites sur de simples modèles.

Quinze ans plus tard, en 1705, deux Anglais, Newcomen et Cawley, parvinrent à condenser la vapeur au moyen de l'eau froide, et la machine de Papin, ainsi perfectionnée, fut employée dans plusieurs usines, où elle rendit des services. Mais, en raison de la lenteur avec laquelle la vapeur se refroidissait et perdait son élasticité, la machine n'avait que des mouvements très-peu rapides, ce qui était un grave inconvénient. Le hasard vint en aide aux inventeurs. Un jour, une machine se mit à osciller beaucoup plus vite que de coutume. Après maintes recherches sur la cause de ce fait, on trouva que le piston était percé, que de l'eau froide tombait dans le cylindre par petites gouttelettes, et qu'en traversant la vapeur, elle l'anéantissait rapidement. La leçon ne fut pas perdue. On supprima le refroidissement extérieur, et l'on adopta la *pomme d'arrosoir*, qui porte une pluie d'eau froide dans toute la capacité du cylindre au moment marqué par la descente du piston. A dater de ce jour, les mouvements de va-et-vient acquirent toute la vitesse désirable.

James Watt, jeune mécanicien, inventa bientôt le *condensateur* et la machine à *double effet*. Dans cette dernière, c'est la pression de la vapeur, et non celle de l'atmosphère, qui fait descendre le piston dans le cylindre. La vapeur de la chaudière va librement au-dessus du piston, et le pousse en bas sans rencontrer d'obstacle, puisque, au même moment, la capacité inférieure du cylindre est en communication avec le condensateur, qui a pour effet d'appeler à lui toute la vapeur en la *conden-sant*. Dans le mouvement contraire, après l'ouverture d'un robinet, la vapeur provenant de la chaudière ne peut se rendre qu'au-dessous du piston pour le soulever, la vapeur de la capacité supérieure qui avait produit le mouvement descendant allant alors se liquéfier dans le condensateur, avec lequel elle est à son tour en communication.

Le succès de la machine à condensateur de Watt n'a été partagé que par la machine à *haute pression*, qui fut inventée, au commencement du xıxᵉ siècle, par le constructeur américain Ewans. Dans cette dernière, la vapeur provenant de l'ébullition de l'eau est dirigée dans un corps de pompe parcouru par un piston. En injectant alternativement, et sans cesse, un courant de vapeur au-dessous et un courant de vapeur au-dessus du piston, et en faisant de même alternativement le vide de la vapeur dans la partie du cylindre opposée à celle où la vapeur exerce sa pression sur le piston, on obtient un mouvement continuel d'élévation et d'abaissement de ce dernier dans le corps de pompe.

Les machines à vapeur pour la navigation ne sont autre chose que celles que nous avons décrites ; leurs organes sont identiques, et la vapeur y fonctionne de même. Fulton se servait de la machine à double effet et à condensation imaginée par Watt. Seulement, sur chaque bateau, on plaçait deux machines à vapeur, dont chacune servait à faire mouvoir une des roues. Dans les moulins, c'est la pression de l'eau sur les palettes qui fait tourner la roue. Dans les bateaux à vapeur, c'est au contraire la roue qui, en tournant, presse sur l'eau et pousse le bateau en avant, par la force de la vapeur. Dans les bateaux à *hélice*, les roues ont été remplacées par une espèce de vis sans fin, établie à l'arrière du vaisseau, sous le gouvernail, et entièrement plongée dans l'eau. La machine à vapeur est elle-même logée à l'arrière ; l'avant se trouve ainsi légèrement soulevé, ce qui augmente la vitesse de la marche, et le bâtiment n'est plus exposé à s'ouvrir au milieu par les gros temps.

Si l'invention de la machine à vapeur *fixe* date de plus d'un siècle, celle de la machine à vapeur pour les chemins de fer, qui a reçu le nom de *locomotive*, ne date que de 1830. La machine à vapeur de la locomotive est, en principe, la même que la machine fixe et que la machine des navires à vapeur. Ses formes ne diffèrent qu'en raison des besoins de son installation sur un véhicule de faibles dimensions, et la puissance de sa marche est en raison de la quantité de vapeur que la chaudière est sus-

ceptible de fournir pour l'entretien de la machine. Ce fut
donc sur le perfectionnement de la chaudière que dut
s'appesantir l'idée de celui qui entreprit de créer la locomotive moderne. Le problème était ainsi posé : produire une masse énorme de vapeur avec une chaudière
de dimensions restreintes.

Locomotive.

L'invention de la *chaudière tubulaire*, qui augmente
considérablement l'étendue de la surface métallique exposée à l'action du feu, et celle du *tuyau soufflant*, qui
lance la vapeur dans la cheminée, en augmentant ainsi
l'activité de la combustion du foyer, concoururent puis-

samment au succès de la *Fusée*, première locomotive qui résolut le problème posé, et dont l'auteur était Georges Stephenson, ancien ouvrier mineur. Les qualités qui avaient valu le prix à la *Fusée* étaient d'avoir remorqué, avec une vitesse de six lieues à l'heure, un poids de près de 13,000 kilog., et d'avoir ensuite, sans aucune charge, réalisé en une heure une vitesse de près de 10 lieues.

Jusqu'en 1851, la disposition des locomotives n'a pas subi de changements bien importants. Après en avoir assuré la solidité, on s'occupa de leur faire acquérir de plus grandes vitesses sur les chemins de fer. Pour cela, on n'eut d'autre ressource que d'augmenter la hauteur de la chaudière. En augmentant le diamètre des roues, on donnait à la locomotive une hauteur qui pouvait en compromettre l'équilibre et la stabilité. En 1851, au moment où on désespérait de pouvoir jamais dépasser le maximum de vitesse obtenu jusque-là, un ingénieur anglais, M. Crampton, imagina de placer les roues motrices à l'arrière de la chaudière, de façon qu'il devint possible de donner à ces roues une hauteur illimitée, et, par suite, d'augmenter dans la même proportion la vitesse du convoi, sans compromettre la sécurité de leur marche. C'est ainsi qu'on est parvenu à acquérir des vitesses normales de 25 à 30 lieues à l'heure, vitesses qui peuvent être portées sans inconvénient jusqu'à 60 lieues à l'heure.

C'est aussi en 1851 qu'on vit apparaître pour la première fois la machine à vapeur agricole, à laquelle on a donné le nom de *locomobile*. La locomobile est, comme son nom l'indique, une machine à vapeur susceptible d'être changée de place à volonté et appliquée à une foule d'opérations diverses. Elle se compose d'une machine à haute pression, dont la vapeur est rejetée dans l'air, après qu'elle a produit son effet sur le piston. Destinée à ne fonctionner que par intervalles, et à être mise en œuvre par des personnes peu familiarisées avec la science mécanique, sa construction a dû être de la plus grande simplicité ; elle se réduit à un cylindre dans lequel le piston est mis en mouvement par la vapeur que lui fournit une chaudière. Au moyen d'une tige et d'une manivelle, le piston de ce cylindre imprime un mouvement rotatoire à un arbre horizontal placé en travers de la locomobile, lequel fait tourner un volant qui s'y trouve fixé. Une courroie qui s'enroule autour de ce volant, et qu'on adapte à la machine, opère le battage des grains, s'il s'agit d'une machine à battre ; fait manœuvrer les pompes, s'il s'agit de dessèchement ; traîne la charrue, s'il s'agit de défoncer un sol à mettre en valeur.

Mais, de toutes les machines imaginables, la seule vraiment merveilleuse, c'est celle qui a servi à faire le calendrier, dont nous allons parler au sujet des jours, des semaines et des mois.

V.

Mois, Semaines, Jours ; Calendrier et Pronostics.

Après avoir remarqué les changements journaliers des ténèbres et de la lumière, c'est-à-dire des jours, les hommes firent attention au mouvement de la lune, mouvement manifeste, puisqu'on la voit paraître grande, lumineuse, et disparaître ensuite. Or, comme elle éprouve tous ces changements dans un temps déterminé, et qu'il y a des règles aussi palpables que certaines du retour de ses différentes apparitions, on appela *mois* cet espace de temps qu'emploie à parcourir la période entière de la diversité de ses phases. Il est certain que la plupart des anciens peuples, tels que les Juifs, les Grecs et les Romains, jusqu'au temps de Jules-César, comptaient le temps par les mois lunaires périodiques.

Ce n'est que depuis la captivité de Babylone que les

Israélites prirent les noms des mois des Chaldéens et des Perses, chez qui ils avaient demeuré si longtemps.

Les Grecs étaient fort attentifs à remarquer le jour de la *néoménie* ou nouvelle lune. Ils divisaient le mois en trois parties ou dizaines; et à chaque dizaine, ils recommençaient à compter par l'unité.

Les Romains divisaient leur mois, qui était lunaire, en trois parties, qu'ils appelaient *calendes*, *nones*, *ides*. Ils n'eurent d'abord que dix mois dans leur année, dont le premier était celui de mars. Vinrent ensuite avril, mai, juin, quintile, sextile, septembre, octobre, novembre, décembre, qui étaient à peu près les mêmes que les nôtres : c'est pourquoi nos quatre derniers mois portent encore aujourd'hui des noms qui ne répondent plus au rang qu'ils tiennent, mais plutôt à celui qu'ils tenaient autrefois ; car septembre, octobre, novembre et décembre signifient le septième, le huitième, le neuvième et le dixième mois ; mais comme ces dix mois ne remplissent pas, à beaucoup près, le temps pendant lequel le soleil nous paraît parcourir les douze signes du zodiaque, les saisons se trouvaient par là très-dérangées d'une année à l'autre. On sentit cet inconvénient, et l'on y remédia en partie, en ajoutant deux nouveaux mois, savoir, janvier et février, que l'on plaça immédiatement avant mars ; de sorte que celui-ci, qui jusque-là avait été le premier mois de l'année, se trouva être le troisième.

La division de l'année en douze mois est fort ancienne

et presque universelle. Quelques peuples ont supposé les mois égaux de trente jours, et ils ont complété l'année par l'addition d'un nombre suffisant de jours complémentaires. D'autres peuples ont embrassé l'année entière dans les douze mois, en les rendant inégaux. Le système des mois de trente jours conduit naturellement à leur division en trois décades. Cette période donne la facilité de retrouver à chaque instant le quantième du mois ; mais à la fin de l'année, les jours complémentaires troublent l'ordre ; on obvie à cet inconvénient par l'usage d'une petite période indépendante des mois et des années ; telle est la *semaine*, qui depuis la plus haute antiquité, dans laquelle se perd son origine, circule sans interruption à travers les siècles, en se mêlant aux calendriers successifs des différents peuples.

Dion Cassius prétend que les Egyptiens ont été les premiers qui aient divisé le temps en semaines, et que les sept planètes leur avaient fourni cette idée. Presque tous les Orientaux se sont servis de semaines composées de sept jours ; mais on ne lit nulle part que les Grecs et les Romains aient fait usage de cette manière de mesurer le temps. Les Grecs comptaient par décades et les Romains par neuvaines.

L'usage de diviser le temps en semaines ne s'est établi en Occident qu'avec le christianisme. Ce fut sans doute à l'imitation des Juifs, qui comptaient aussi par semaines, parce que, suivant l'ordre de la création du monde, tel qu'il est rapporté par Moïse, Dieu a achevé cet ouvrage en six jours et s'est reposé le septième. Mais, par une de ces contradictions qui ne sont que trop fréquentes, en adoptant la division des Hébreux, nous avons reçu les noms des jours des anciens astronomes égyptiens, qui avaient consacré les jours de la semaine aux principales planètes.

Le premier, au soleil, qu'ils nommaient pour cela *dies solis*, et que les chrétiens ont appelé jour du Seigneur, *dies dominica*, dont nous avons fait *dimanche;* le second, à la lune, *dies lunœ*, lundi en français; le troisième, à Mars, *dies Martis*, mardi; le quatrième, à Mercure, *dies Mercurii*, d'où mercredi; le cinquième, à Jupiter, *dies Jovis*, jeudi; le sixième, à Vénus, *dies Veneris*, d'où vendredi; le septième, à Saturne, *dies Saturni*, en français samedi.

Les premiers hommes consacrèrent ainsi les sept époques de la création, célèbres dans l'antiquité orientale, et qu'on retrouve dans les livres des anciens mages de la Perse. D'autres adoptèrent l'ordre de la semaine, parce que la révolution de la lune est divisée par quartiers de sept jours; ceux-ci, à cause de leur vénération pour le nombre sept, ou à l'honneur des sept planètes, ou pour toutes ces raisons ensemble. Gebelin fait remonter cette division aux premiers astronomes de la Chaldée; il la croit même antérieure au déluge.

Après avoir étudié l'origine de la semaine et des jours, il nous faut chercher celle des mois.

Janvier, qui tire son nom de *Janus*, ancien roi d'Italie, à qui il avait été consacré, fut ajouté à l'année par Numa, second roi de Rome.

Les premiers chrétiens étaient dans l'usage d'en consacrer le premier jour à la pénitence, pour abolir les superstitions des païens, qui le célébraient par des amusements et des fêtes. Anciennement, l'année commençait à Pâques ou à Noël. Ce fut Charles IX qui ordonna, par un édit de l'année 1564, qu'elle commencerait à l'avenir au 1ᵉʳ janvier.

Le mot *februarius*, d'où *février*, fut formé de *februalia*, nom que les Romains donnaient aux sacrifices expiatoires et aux lustrations que tout le peuple pratiquait pendant le dernier mois, pour se laver des fautes commises dans le cours de l'année. Ainsi, le mois de février était chez les Romains le dernier de l'année. Tous les cinq ans, le peuple romain faisait des lustrations dans le Champ de Mars ; peut-être doit-on rapporter à cette origine la période de cinq années que l'on appelle *lustre*.

Romulus divisa l'année en dix mois et donna le premier rang au mois de *mars*, de *Mars*, son père. En France, on fut dans l'usage de commencer l'année à Pâques jusqu'en 1564, de sorte que la même année avait ou pouvait avoir deux mois de mars ; et on disait : *mars devant Pâques* et *mars après Pâques*. Lorsque Pâques arrivait dans le mois de mars, le commencement de ce mois était d'une année et la fin d'une autre.

Avril prit son nom d'*aprilis*, des Romains, dérivé lui-même d'*aperire*, qui veut dire ouvrir. La terre s'ouvre, en effet, alors à de douces influences, pour donner l'espérance des moissons et des fruits ; et voilà pourquoi ce mois ramenait une foule de fêtes toutes relatives à la fécondité de la terre.

Mai nous vient de *maius*, nom que Romulus donna à ce mois en l'honneur des sénateurs, qui étaient appelés *majores*. Notre religion en a fait le mois de la Vierge.

Quant au mois de *juin*, Ovide le fait venir de *Junon*. D'autres aiment mieux le faire venir *a junioribus*, des *jeunes gens*, et quelques-uns de *Junius Brutus*, qui signala ce même mois par l'expulsion des Tarquins.

Juillet, lors de la fondation de Rome, reçut le nom de *quintilis*, c'est-à-dire de *cinquième*, comme nous l'avons vu plus haut. Ce nom fut conservé jusqu'à la fin de la république. A cette époque, Jules-César ayant corrigé les erreurs du premier calendrier, Marc-Antoine, en sa qualité de consul, ordonna que pour perpétuer la mémoire de ce bienfait, le mois *quintilis* ne s'appellerait plus désormais que *julius*, d'où *juillet*, qui nous rappelle le plus célèbre des Romains, et sur lequel nous reviendrons en parlant du *calendrier*.

Août, appelé anciennement *sextilis*, ou le sixième, reçut une autre dénomination sous le onzième consulat d'Auguste. L'an 730 de Rome, le sénat publia l'édit suivant, que Macrobe nous a conservé dans le premier livre des *Saturnales* : « Parce que dans le mois *sextilis* César-Auguste a commencé son premier consulat, eu trois fois les honneurs du triomphe, vu marcher sous ses auspices les légions du Janicule, réduit l'Egypte sous l'obéissance du peuple romain, et terminé la guerre civile, il plaît et il plaira au sénat que ce mois, le plus heureux pour l'empire, soit désormais appelé *Auguste.* » C'est de ce mot que nous est venu par contraction *aoust* et ensuite août. Il faut avouer que cette contraction n'est point heureuse, et que, si elle abrége le terme, elle en rend la prononciation extrêmement dure. Si l'on prononçait l'*a* dans *mi-août,* on imiterait trop facilement le cri du chat.

Les quatre derniers mois tirent leur nom de la place qu'ils occupaient dans l'année romaine, qui ne se composait que de dix mois.

Le calendrier romain était tombé dans le plus grand désordre par la négligence et la faute des augures. César, en sa qualité de grand pontife, voulut y remédier. Alexandrie était alors le siége unique de l'astronomie et des sciences. C'est de là que César fit venir le philosophe Sosigènes, qui, ayant examiné l'année de Numa et les intercalations prescrites, vit qu'il n'y avait pas d'autre moyen à prendre que d'abandonner l'année lunaire, et de régler l'année civile seulement sur le cours du soleil. C'était le moyen de lui donner une forme simple et par conséquent commode. Il imagina de faire chaque année de 365 jours, et d'ajouter un jour à la quatrième, pour tenir compte des 6 heures moins 11 secondes qui restent chaque année. L'année de Numa n'avait que 355 jours ; il fallut en ajouter dix.

Sosigènes et César les répartirent ainsi. On en ajouta deux au mois de décembre, de janvier et d'août, qui n'en avaient que 29 ; et un seulement au mois d'avril, juin, septembre et novembre, qui n'en avaient non plus que 29. On ne changea rien au mois de février, pour ne pas troubler le *culte des dieux infernaux*. Le jour intercalaire fut seulement placé dans ce mois le 24, le jour qui précédait le sixième avant les calendes ; il fut appelé *bis sexto*, d'où l'année a pris le nom de *bissextile*. Cette année ainsi réformée fut appelée *julienne* et porta le nom de César. Elle a réglé le temps pendant quinze siècles, jusqu'à ce que le pape Grégoire XIII vint donner son nom à une seconde réformation devenue indispensable.

Le cardinal Pierre d'Ailly présenta au pape Jean XXIII, dans un synode tenu à Rome en 1412, un traité sur la réforme du calendrier. Les conciles de Bâle et de Constance, auxquels ce projet fut soumis, ne décidèrent rien.

En 1475, Sixte IV songea sérieusement à cette réforme ; il consulta Jean Muller, qui mourut l'année suivante. Ce projet fut repris en 1516 par Léon X ; il en fut aussi question au concile de Trente ; mais ce fut le pape Grégoire XIII qui eut la gloire d'achever l'entreprise, en 1582, avec le secours de *Louis Lilio*, habile mathématicien italien. Pour rétablir l'harmonie entre l'année civile et le cours du soleil, on rejeta dix jours de l'année 1582, qui ne fut que de 355 jours, et il fut décidé que trois années *séculaires*, qui, d'après le calendrier Julien, devaient être bissextiles, seraient communes, et que dans la quatrième année séculaire seulement, on intercalerait un jour. Les peuples catholiques adoptèrent ce calendrier.

L'esprit de secte fit rejeter longtemps par l'Allemagne, la Suède, le Danemark et les autres Etats protestants, ainsi que par les Grecs modernes et les Russes, le présent qu'un pontife faisait au monde civilisé.

Cédant aux représentations d'Erhard Weigel, professeur de mathématiques à Iéna, les Etats protestants d'Allemagne arrêtèrent, en septembre 1679, que du 18 février 1700, on passerait au 1er mars. La même chose se fit en Hollande, en Danemark et en Suisse. Les Anglais ne suivirent cet exemple qu'en 1752, en passant du 20 août au 1er septembre ; et les Suédois, en 1753, en finissant le mois de février le 17. Ce ne fut cependant qu'en 1777 que les Etats protestants adoptèrent définitivement en totalité le calendrier grégorien. L'Eglise grecque, plus opiniâtre dans son aversion superstitieuse pour l'auteur du nouveau calendrier, n'en fait point encore usage.

Mes jeunes lecteurs ne pourraient jamais s'imaginer les travaux effrayants que les siècles ont accumulés pour produire un simple almanach, que nous payons cinq centimes.

Les astronomes de Chaldée étaient instruits que le soleil et les planètes avaient un mouvement propre d'occident en orient, et que ces révolutions se faisaient avec de grandes inégalités de temps et de grandes différences de vitesse. Ils enseignaient que la lune est placée au-dessous de toutes les étoiles et de toutes les planètes ; que, comme elle est la plus petite de toutes celles qu'on aperçoit, elle est aussi la plus proche de la terre. Ils savaient de plus que la lune n'a qu'une lumière empruntée, et que ses éclipses viennent de ce qu'elle entre dans l'ombre de la terre.

L'avantage qu'ont eu ces astronomes d'avoir inventé de fort bonne heure le moyen de mesurer exactement les différentes parties du jour, doit nous donner une assez bonne idée de leurs calculs astronomiques.

Cependant c'est en Egypte que les plus grands génies de la Grèce allèrent puiser les connaissances astronomiques dont ils enrichirent leur patrie. Avant le voyage de Thalès, de Platon et d'Eudoxe en Egypte, les Grecs n'avaient nulle idée de ce qu'on peut appeler la science astronomique. Ils ignoraient la véritable durée de l'année, ne connaissaient point les planètes, n'avaient aucune idée des éclipses, et ne concevaient que d'une manière fort confuse les révolutions et les mouvements des corps célestes. Thalès de Milet fut le premier Grec qui fit des découvertes en astronomie.

Ptolémée d'Alexandrie réduisit en corps de science

toutes les connaissances sur les autres : son système fut adopté pendant plusieurs siècles.

L'Europe n'étant sortie qu'au xiii° siècle de l'ignorance où elle croupissait depuis un grand nombre d'années, les Arabes furent longtemps les seuls qui se livrèrent avec succès à l'astronomie.

Enfin Copernic parut, et s'acquit, en 1530, une gloire immortelle par le nouveau système astronomique qu'il inventa. Képler, aidé de Tycho-Brahé, fit les plus belles découvertes ; Galilée introduisit l'usage des télescopes et découvrit le premier les satellites de Jupiter.

Tandis que Hévélius et Gassendi contribuaient aux progrès de cette science, Huyghens signalait l'anneau de Sature, Cassini découvrait ses satellites, et Newton s'ouvrait le chemin de l'immortalité. La découverte de l'*attraction* suffit pour rendre son nom immortel ; car la connaissance que les anciens ont eue de cette force attractive, qui agit dans tout l'univers, n'empêche point qu'on ne doive faire honneur à Newton de la découverte de cette cause universelle dans le système du monde.

Le célèbre Herschell dut sa grande célébrité aux télescopes qu'il fabriqua lui-même et qui lui firent découvrir la planète qui porte son nom. Désormais, les champs des cieux furent ouverts, et l'homme put y contempler la magnificence de la création.

Mais l'esprit humain est sujet à l'erreur. L'astrologie est née de l'astronomie, qui, suivant l'expression d'un

célèbre astronome, est la mère sage d'une fille folle. Per·
sonne n'ignore dans quel juste mépris est tombée cette
prétendue science, qui n'est propre qu'à entretenir la
superstition et à retarder les progrès.

Cet art frivole et ridicule, qui prétend lire dans le ciel
la destinée de chaque homme, eut son berceau dans la
Chaldée, d'où il pénétra en Egypte, en Grèce et en
Italie. Quant à nous, c'est des Arabes que nous le tenons.

Télescope à miroir argenté d'Herschell.

Les historiens français observent que l'astrologie judi-
ciaire était tellement en vogue sous la reine Catherine de
Médicis, qu'on n'osait rien entreprendre d'important sans
avoir auparavant consulté les astres ; et sous les règnes
de Henri III et de Henri IV, il n'est question, dans la
cour de France, que des prédictions des astrologues.

Cependant, ces folies de l'esprit humain ne doivent pas

nous faire dédaigner certaines prédictions relatives aux variations de l'atmosphère et qu'on ap..elle *pronostics*. Ils sont nés probablement des observations répétées, surtout à la campagne. L'ignorance des peuples en a perpétué un grand nombre, dont nous nous abstiendrons de faire le dénombrement. Nous ne parlerons ici que de ceux que présentent les phénomènes atmosphériques, lesquels font partie des mouvements généraux de l'univers et viennent comme eux de la circulation de la matière. En général, quand le baromètre descend, il y a indication que, l'air inférieur étant plus léger, les vapeurs supérieures produiront de la pluie; quand il monte, le phénomène contraire a lieu. Si le mercure tombe au point de glace, on peut prévoir la neige ou le dégel; s'il varie beaucoup et subitement, le temps pourra être jugé au variable; s'il tombe très-bas, et soudainement, on doit s'attendre plutôt à un grand vent qu'à de la pluie; s'il descend encore après cela, il annoncera une grande tempête, souvent fort éloignée du lieu de l'observation.

On peut considérer généralement comme l'annonce d'un beau temps la formation et la disparition des nuées dans une soirée d'été. Si un ciel serein se couvre insensiblement de petits nuages blancs qui s'étendent peu à peu et prennent une couleur foncée, on doit s'attendre à de la pluie. A l'approche d'un orage, cet état du ciel est surtout fort remarquable. Lorsque les nuées forment des flocons profonds, denses au milieu, très-clairs sur les bords, dans un ciel d'un azur vif, on peut pronostiquer de grosses ondées, de la grêle ou de la neige. Si les nuées se forment à une très-grande hauteur, en traînées blanches et effilées, on jugera que des vents contraires les éparpillent, et qu'elles se résoudront en pluie aussitôt qu'elles pourront s'accumuler. Si, par un temps très-couvert, on voit circuler avec vitesse de petites nuées noires, il est probable que la pluie va commencer et qu'elle durera longtemps.

Une rosée abondante annonce un beau jour; mais lorsque le lendemain elle ne se renouvelle point, on doit croire que les vapeurs sont abondantes dans l'atmosphère, et qu'elles se résoudront en pluie. On doit compter également sur la pluie, lorsqu'on verra une rosée ou gelée blanche abondante dans une saison qui ne leur est pas propre.

On juge aussi du temps par l'état du ciel. Lorsque les nuages rouges du soir disparaissent avec le soleil, on doit présumer que le ciel sera serein au matin; s'ils restent à l'horizon, ceux de l'aurore seront très-rouges, et amèneront probablement de la pluie. Si le matin ou le soir des nuages durs et tranchés couvrent l'horizon, on doit s'attendre à du vent ou de la pluie. Enfin, lorsque, dans la mauvaise saison, le ciel a la teinte verdâtre des eaux de la mer, la pluie continuera et redoublera.

C'est une erreur grossière de croire que les phases de la lune déterminent un changement de temps. Les expériences les plus scrupuleuses des astronomes nous font connaître que si la lune a quelque influence sur l'atmosphère, elle est tellement faible, et d'ailleurs tellement atténuée par les autres phénomènes que l'état du ciel présente, que jusqu'à présent on n'a pu l'apprécier. Rien n'est donc plus absurde que d'attribuer aux phases de ce satellite de la terre les variations qu'éprouve notre atmosphère.

Lorsque le vent change d'un point à un autre et fait le tour de l'horizon, on doit s'attendre à de la pluie. Le vent qui siffle et qui produit un grand bruit est toujours suivi de pluie ; il annonce le même phénomène, lorsqu'il est au sud ou à l'ouest. Le vent sud-est promet un beau temps ; le vent d'est annonce de la sécheresse, et le vent nord du froid en hiver et de la fraîcheur en été.

Aux approches des grandes commotions atmosphériques, telles que les tempêtes, les ouragans, les orages, qui n'a vu, dans les pâturages, les bestiaux épouvantés mugir et s'agiter de mille manières pour chercher un refuge ? Qui n'a vu des bandes d'oiseaux fuir en poussant des cris plaintifs, et l'homme seul rester indifférent ? L'homme seul restait indifférent, parce que seul, au milieu des êtres qui l'entouraient, il ne voyait pas le danger.

Il n'est pas besoin de grandes commotions pour mettre en éveil l'instinct des animaux ; il suffit d'une simple variation atmosphérique, comme du sec à la pluie, par exemple, pour que la plupart d'entre eux en soient avertis avant l'homme. Les indices qu'ils nous fournissent sur le changement de temps résultent de circonstances toutes naturelles, et il n'est pas besoin que les animaux en aient conscience.

L'illustre météorologiste et agronome, M. de Gasparin, dit positivement dans son *Cours d'Agriculture*, tome II, p. 381 : « Nous croyons avoir remarqué, à la campagne, certains rapports qui ne peuvent être fortuits entre la nature animée et les météores. »

C'est aussi la nature végétale qui nous donnne des indications hygrométriques dont il est utile de tenir compte, On connaît des feuilles d'arbres qui, à l'approche d'une pluie, se tournent en volutes, de manière à retenir l'eau, et qui, par une pluie abondante, se plissent en forme de gouttières, de façon à la laisser échapper. Quand l'air se charge d'humidité, certaines tiges, comme celles du trèfle et des légumineuses, s'en pénètrent aussitôt et se redressent. Parmi les fleurs, les unes se ferment, comme celle de l'*hébiscus trionum*; d'autres s'ouvrent : ainsi, celle de la pimprenelle.

Linné, un des plus grands observateurs de la nature, croyait aussi aux pronostics naturels des plantes; il nous dit que le souci d'Afrique ouvre ses fleurs le matin, entre six et sept heures, et les referme à quatre heures du soir par un temps sec, mais qu'il ne les ouvre pas le matin, s'il doit tomber de la pluie. C'est le contraire qui a lieu pour le laitron de Sibérie : lorsqu'il ferme sa fleur pendant la nuit, on a du beau temps le lendemain; mais on doit s'attendre à de la pluie, si elle reste ouverte.

Ces phénomènes curieux, qu'on a le tort de négliger, dérivent comme autant de conséquences des grandes lois de la physique des êtres organisés, science qui est encore presque entièrement à créer.

Et à ce sujet, je demanderai à mes jeunes lecteurs toute leur attention sur un point de vue général des études de la nature.

Dans l'origine, la physique embrassait l'étude de la nature entière, la description des êtres et des corps, la connaissance de leurs propriétés diverses, l'étude enfin de tous les phénomènes. Mais bientôt l'accumulation des connaissances nécessita un partage. On sépara d'abord de l'étude des phénomènes inorganiques celle des êtres organisés. Il y eut alors la *zoologie*, qui classe les animaux; la *botanique*, qui étudie les plantes; l'*anatomie*, qui fait connaître tous les organes; et la *physiologie*, qui cherche à expliquer tous les phénomènes de la vie des êtres organisés. De la *physique*, ainsi réduite aux phénomènes de la matière inerte, fut encore séparée l'*astronomie*, ou l'étude des phénomènes célestes. Par cette seconde soustraction, la physique se trouva réduite à trois sciences : la *géologie*, sorte d'anatomie qui dissèque le globe terrestre, afin d'étudier les diverses couches dont il est composé; la *chimie*, qui décompose et combine les corps de la nature; et enfin la *physique* proprement dite, qui considère spécialement les phénomènes naturels sans altération chimique.

La physique ainsi restreinte comprend donc l'étude des propriétés générales des corps, où sont définies et expliquées les forces attractives et répulsives auxquelles sont soumises les particules de la matière.

Les grandes causes principales qui produisent tous les phénomènes de la nature sont au nombre de trois : le *principe vital*, qui est resté jusqu'à ce jour un impénétrable mystère ; la *pesanteur* universelle, dont les lois ont été étudiées et complètement découvertes par l'astronomie ; et la *cause*, probablement unique, de la lumière, de la chaleur et de l'électricité, qui ont une marche commune et des propriétés analogues ; aussi l'explication des phénomènes de chaque espèce se rattache-t-elle de plus en plus à un seul principe général, qu'un berger peut-être trouvera un jour.

Quant à nous, nous allons continuer l'étude des plus grandes inventions modernes, telles que la boussole et la poudre à canon.

VI.

Aimant et Boussole ; Armes et Poudre.

Les anciens n'ont guère connu de l'*aimant* que sa propriété d'attirer le fer. Cependant, il paraît qu'ils ont connu quelque chose de sa vertu communicative. Platon en donne un exemple dans l'*Ion*, où il décrit cette fameuse chaîne d'anneaux de fer suspendus les uns aux autres, et dont le premier tient à l'aimant.

Plusieurs opinions ont été hasardées sur les propriétés de l'aimant. Descartes et ses disciples ont prétendu que cette pierre métallique a deux pôles comme la terre, et qu'une matière magnétique qui circule autour et sort d'un des pôles de cette pierre pour rentrer par l'autre, cause cette impulsion qui unit le fer à l'aimant; que les corpuscules particuliers qui circulent sans cesse autour et au travers de l'aimant ont une analogie avec les pores du fer, analogie qui leur donne sur ce corps la prise que leur peu d'affinité avec les pores des autres corps ne leur permet pas d'avoir. C'est jusqu'ici, comme l'observe Dutens, ce qu'on a dit de plus raisonnable sur l'aimant, et c'est, ajoute-t-il, ce qu'en avaient dit les anciens.

Si la direction de l'aimant vers les pôles, direction qui, au milieu même des ténèbres, nous trace des routes certaines sur l'immense océan, a été connue des anciens, comme le pensent quelques auteurs, il est certain que cette découverte avait été perdue, et qu'elle n'a été retrouvée que dans le xii⁴ siècle.

Bailly prétend que la boussole a été connue en Chine dans une très-haute antiquité. Elle fut aussi connue des anciens Grecs; mais il paraît qu'avant l'an 1100, on n'avait pas découvert chez nous la propriété qu'a l'aimant de se diriger vers le nord. On apprend par un poëte du xiie siècle, Guyot de Provins, que les pilotes français faisaient usage d'une aiguille aimantée qu'ils appelaient la *marinette*. Mais comme cet instrument consistait en une aiguille aimantée qu'on plaçait sur une petite nacelle de liége, il est aisé de sentir combien cette machine, sujette à l'agitation de la mer, était peu sûre et peu commode.

On sait que les propriétés de l'aimant sont au nombre de trois principales : l'attraction, ou la vertu par laquelle l'aimant attire le fer; la direction, ou la vertu par laquelle l'aimant se tourne vers les pôles du monde; enfin l'inclinaison, ou la vertu par laquelle une aiguille aimantée, suspendue sur des pivots, s'incline vers l'horizon, en se tournant vers le pôle. Quant à la propriété d'attirer le fer, c'est le hasard, selon Pline, qui la fit reconnaître dans l'aimant. Un berger du mont Ida, nommé *Magnès*, ayant enfoncé dans la terre son bâton armé d'une pointe de fer, le sentit attaché. Frappé d'étonnement, il creusa la terre autour du bâton, et il le trouva retenu par un excellent aimant. Ce récit a tout l'air d'une fable. On aimera mieux croire que le nom latin de l'aimant, *magnès*, est dérivé du nom de *Magnésie*, ville de Lydie, située au pied du mont Sipyle, où l'aimant se rencontre en abondance.

Mais c'est du commencement du xiv⁴ siècle que date l'invention de la boussole proprement dite, ou, si l'on aime mieux, de la boussole perfectionnée. Un Napolitain, nommé Flavio Gioja, imagina, en 1302, de suspendre sur un pivot le milieu d'une aiguille aimantée, le tout placé dans une boîte, afin que, se balançant librement, elle suivît la tendance qui la ramène vers le pôle. Dans la suite, on la chargea d'un carton divisé en trente-deux rumbs de vents, qu'on nomme *la rose des vents*, et l'on suspendit la boîte qui la porte, de manière que, quelque agitation qu'éprouvât le vaisseau, elle restât toujours horizontale.

Quand on plonge un aimant dans la limaille de fer, celle-ci s'attache principalement aux deux extrémités opposées, qui sont les deux pôles de l'aimant.

Si l'on suspend un aimant par le milieu, ou mieux si on le pose sur un liége flottant à la surface de l'eau, on verra l'aimant se diriger du nord au sud ou à peu près, et revenir constamment à cette direction, lorsqu'on l'en aura écarté. Il y a donc un côté nord et un côté sud pour chaque aimant. Si l'on met en regard les côtés nord ou les côtés sud de deux aimants, il y aura répulsion mutuelle; mais il y aura attraction mutuelle, si l'on met en regard le côté nord de l'un avec le côté sud de l'autre. C'est ce qu'on exprime en disant que les côtés ou pôles de même nom se repoussent, et les côtés ou pôles de nom contraire s'attirent.

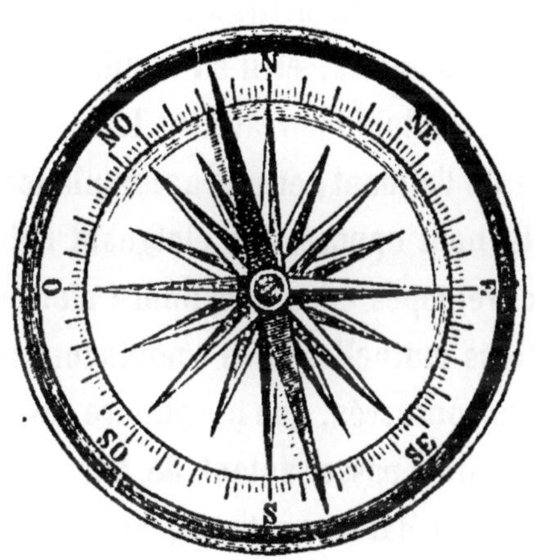

La Boussole.

On peut considérer la terre comme un gros aimant, puisqu'elle dirige les aimants, de même que ceux-ci se dirigent les uns les autres. Alors les pôles magnétiques de la terre seront vers les pôles géographiques; l'un sera le pôle *nord* ou *boréal;* l'autre, le pôle *sud* ou *austral.* Ensuite on nommera pôle *nord* ou *boréal* d'un aimant celui de ces pôles qui se tourne vers le pôle de nom contraire du globe, savoir vers le sud; et pôle *sud* ou *austral* de l'aimant, celui qui se dirige vers le nord de la terre.

Le magnétisme ne se communique pas directement d'un corps à un autre; mais il se développe dans le second sous l'influence magnétique du premier. Ainsi, quand le pôle austral d'un aimant est présenté à un cylindre de fer doux, par exemple, l'aimant développe les deux fluides magné-tiques dans chacune des particules du cylindre, qui de-viennent comme autant de petits aimants. Ceux-ci réagis-sent les uns sur les autres, et il en résulte une accumu-lation apparente du fluide boréal dans le bout du cylindre le plus proche de l'aimant, et une accumulation du fluide austral dans le bout opposé. En éloignant l'aimant, les deux fluides développés dans le cylindre n'obéissent plus qu'à leurs actions mutuelles et se combinent; ce qui veut dire, en termes consacrés, que le cylindre revient à l'*état naturel.* Il peut ainsi passer autant de fois que l'on veut de l'état naturel à l'état magnétique, et réciproquement, en approchant et éloignant l'aimant.

Ordinairement, on magnétise des *barreaux* d'acier; on les réunit en *faisceaux,* les pôles de même nom du même côté, et il en résulte des aimants artificiels très-éner-giques. Dans la pratique, on aimante à l'aide de pareils barreaux, soit simples, soit par faisceau, en promenant l'une de leurs extrémités tout le long du corps que l'on veut aimanter : c'est ce qu'on appelle faire une *touche*. On réussit mieux par la *double touche*, qui consiste à poser les pôles contraires de deux barreaux aimantés sur le milieu du corps soumis à l'aimantation, puis à faire glisser en sens contraire ces barreaux vers les deux bouts opposés du corps, les inclinant dans le sens de leur marche, les éloignant en même temps pour les ramener ensemble au milieu du corps, et commençant la même opération autant que l'on voudra.

L'acier est dit *aimanté à saturation*, quand le magnétisme y atteint sa limite, son maximum, car il est de fait qu'un barreau d'acier ne peut pas prendre, ou plutôt ne peut conserver une partie indéfinie de magnétisme.

On a remarqué que le choc développe dans le fer doux la propriété magnétique, de même que la torsion, le frottement de la lime, et toutes les actions mécaniques un peu fortes et subites.

Quant au *magnétisme animal*, c'est une influence réciproque et mystérieuse qui s'opère parfois entre des individus, d'après une harmonie de rapports, par la volonté ou l'imagination, ou le concours de la sensibilité physique. Cette influence est mise en jeu au moyen d'attouchements, de frottements, de regards et de gestes appelés *passes*. Les *magnétiseurs* prétendent guérir une foule de maladies qui avaient résisté aux remèdes ordinaires. Ils ont, en effet, obtenu des cures, soit réelles, soit apparentes, et produit certains phénomènes singuliers, tels que le *somnambulisme* artificiel, insensibilité extérieure, spasmes, attaques de nerfs, catalepsie, extase. On explique ces effets par l'existence d'un fluide subtil, analogue au magnétisme minéral, mais propre aux êtres animés, d'où le nom de *magnétisme animal*.

En consultant l'histoire, on trouve que les sibylles, les devins et les augures, offrent les plus étroites analogies avec la théorie et la pratique du magnétisme somnambulique. On y trouve aussi de fréquentes mentions d'une *médecine magnétique*. Esculape et Apollonius expulsaient les esprits malins; Homère dit que le sang d'Ulysse blessé s'arrête au moyen de vers magiques; Platon écrit qu'en général les maladies se conjuraient par des enchantements; le grave Caton réduisait les luxations des jambes à l'aide de paroles secrètes.

Mais le véritable auteur de la doctrine du magnétisme, telle qu'elle est connue aujourd'hui, c'est Mesmer, médecin allemand, qui, en 1788, vint exposer son système à Paris, et y produisit sur de nombreux malades, assemblés autour de son *baquet magnétique*, d'étonnants effets, qui attirèrent promptement l'attention publique. Une commission des savants les plus distingués de cette époque reconnut la réalité des effets produits, mais en attribua la cause à l'imagination. Cependant, le magnétisme animal n'a cessé de se répandre depuis en France et à l'étranger.

« S'il est vrai, comme le disent Reil, Humboldt et d'autres savants physiologistes, que les nerfs ont une atmosphère de sensibilité autour d'eux, si on jette des regards ardents de colère, d'amour ou de haine; dans ces passions, pourquoi ne transmettrions-nous pas des influences à d'autres personnes? N'est-il pas certain que la main d'un ami qui serre la vôtre fera une impression physique tout autre que la froide main d'un cadavre ou quelque autre substance que vous toucheriez? On peut en attribuer l'effet à l'imagination, sans doute; mais une flamme vivifiante n'y serait-elle pour rien? Si des miasmes imperceptibles à nos sens peuvent communiquer, par impression immédiate, une maladie contagieuse, pourquoi n'y aurait-il pas des contagions vitales? Et si vous niez cette transmission, sinon des maladies, du moins de la santé, de la force vitale, je vous citerai l'exemple de la *torpille*, qui transmet l'électricité par l'influence de ses nerfs. Ces poissons agissent à distance, et dirigent à volonté leurs coups foudroyants. »

Malheureusement, la plupart des phénomènes magnétiques sont de leur nature trop fugitifs, trop peu uniformes, trop peu constants, trop faciles à simuler, pour pouvoir être soumis à des expériences publiques, et pour qu'on puisse être assuré de les reproduire toujours identiquement. Il en résulte que le magnétisme n'a pas encore pu prendre sa place dans la science. Cette doctrine a été trop souvent défigurée par la crédulité ou la superstition, ou exploitée par le charlatanisme et la mauvaise foi.

Mais si le magnétisme est encore un problème, il nous reste la grande invention des aimants artificiels, qui ont joué un grand rôle dans la création du télégraphe et celle de la boussole, avec laquelle nous avons marché à la conquête de pays inconnus.

Presque toutes les découvertes sont le produit du hasard ou de la nécessité. Les unes sont heureuses et fécondes, comme ces deux dernières; les autres sont ou nuisibles ou dangereuses, comme les *armes* et la *poudre à canon*, dont il nous reste à parler.

Les pierres, les morceaux de bois bruts, les cornes des animaux, auront été les premières armes dont on se sera servi. On imagina ensuite de faire durcir les bâtons au feu et de les aiguiser. On ne tarda pas non plus à tailler les morceaux de bois en forme de massue, arme si commune dans les anciens temps.

Je pense encore que, dès les premiers âges, on se sera battu avec des haches. Les écrivains de l'antiquité en donnent aux anciens héros. On doit mettre aussi au nombre des premières armes qu'on aura inventées, la lance et la pique. Cette dernière est faite d'un long manche, garni par un bout d'un fer plat et pointu. Pline dit que les Lacédémoniens ont été les inventeurs de la pique. Les Romains s'en servaient pour arrêter le choc de la cavalerie. La phalange macédonienne était une armée de piquiers.

Les Flamands se servaient de piques dès le temps de

Philippe le Bel, et ce fut avec cette arme qu'ils repous-
sèrent les Français à la sanglante bataille de Courtrai,
en 1302. Les Suisses, après avoir secoué le joug de la
maison d'Autriche, en 1307, commencèrent à s'en servir.
Ce ne fut que sous Louis XI que l'infanterie française
commença à être armée de piques, hallebardes et autres
armes de longueur. Au commencement du règne de
Louis XIV, la pique fut abolie, et on y suppléa par la
baïonnette au bout du fusil. Mais les piques reprirent
leur faveur au commencement de la Révolution, et sup-
pléèrent au défaut de fusils, lorsque tous les citoyens
voulurent être armés.

La lance passa des anciens aux modernes; elle fut
longtemps l'arme propre des chevaliers et des gendarmes;
il n'était même permis qu'aux personnes de condition
libre de la porter dans les armées. « Les lances des
Français, dit Guillaume le Breton, étaient de frêne,
avec un fer fort aigu, et longues comme des perches. »
Mais depuis on les fit plus grosses et plus courtes, et
nous croyons que ce changement se fit un peu avant le
règne de Philippe de Valois, lorsque la mode vint que
les chevaliers et la gendarmerie combattissent à pied,
même dans les batailles et les combats réglés. Les inconvénients qu'entraînait l'usage de cette arme furent
vivement sentis, en 1591, à la journée de Pontchara, où
Amédée de Savoie fut défait par Lesdiguières. On avait
abandonné l'usage de la lance sous Henri IV, et les Es-

pagnols seuls retinrent encore quelque temps des compagnies de lanciers. Du temps de l'ancienne chevalerie, le combat de la lance à course de cheval était fort estimé et passait pour la plus noble des joutes; de là vinrent ces expressions : *Faire un coup de lance, rompre une lance, baisser la lance.*

On ne pouvait se battre que de près avec les armes dont je viens de parler; mais on chercha bientôt les moyens de pouvoir atteindre de loin son ennemi, et on ne tarda pas à inventer des armes propres à cet usage. On n'en voit point dans ce genre dont l'usage soit plus ancien, et en même temps plus universel, que celui de l'arc et de la flèche. L'Ecriture dit qu'Ismaël se rendit habile à tirer de l'arc; Esaü prend son carquois et son arc pour aller à la chasse. Je ne crois pas que la fronde ait été aussi anciennement ni aussi universellement employée que les flèches. Job est le seul écrivain des temps reculés qui ait parlé de la fronde. Les anciens croyaient que l'invention en était due aux Phéniciens.

Quant au sabre et à l'épée, ces armes n'ont été connues que postérieurement aux précédentes, puisqu'elles supposent la connaissance de l'art de travailler les métaux. Des historiens profanes attribuent l'invention de l'épée à Bélus, roi d'Assyrie. L'Ecriture nous apprend que cette arme était connue dans l'Asie dès la plus haute antiquité. Abraham prend son épée pour immoler Isaac; Siméon et Lévi entrent l'épée à la main dans Sichem, et s'en servent pour massacrer les habitants.

Les armes défensives qu'on sait avoir été en usage dans l'antiquité sont le bouclier, le casque et la cuirasse ; mais on ne peut point marquer dans quel pays, ni dire dans quel temps ces différentes armures ont été inventées ; on sait seulement qu'elles sont d'une très-haute antiquité, et que les Egyptiens prétendaient avoir inventé le bouclier.

Les Grecs, dès les temps héroïques, étaient armés à peu près de la même manière que la plupart des peuples de l'antiquité. Ils avaient pour armes offensives la massue, la hache, l'épée, la flèche, le javelot, la fronde et la pique.

Les armes défensives étaient le bouclier, la cuirasse, le casque, et des bottines de métal pour garantir les jambes. Hérodote prétend que les Grecs avaient reçu des Egyptiens le bouclier et le casque.

Si l'on en excepte le plastron, qui était particulier aux Romains, et qui consistait dans une plaque d'airain bombée que les légionnaires portaient sur la poitrine au lieu de cuirasse, les armes des Grecs et des Romains étaient les mêmes, soit pour l'attaque, soit pour la défense.

Les armes des Gaulois et des Germains ne différaient guère de celles des Grecs et des Romains ; et encore, lorsque Clovis fit la conquête des Gaules, les Francs n'avaient pour armes offensives que l'épée, le javelot et la hache ; le bouclier était leur seule arme défensive.

Les armes offensives dont on se servait sous la troisième race, jusqu'à l'invention des armes à feu, fixée au temps de François Ier, étaient l'arc, l'arbalète, la fronde, la flèche, le poignard, l'épée, la lance, l'épieu ou bâton ferré, la hache d'arme, la massue, le maillet, qui était une espèce de long marteau.

Le mousquet et la pique étaient regardés, depuis plusieurs siècles, comme nécessaires aux fantassins, lorsqu'en 1700 et 1705, Louis XIV substitua le fusil à l'un et la baïonnette à l'autre.

Ce qu'on appelle *armure* comprend les armes défensives de l'ancien temps, où les guerriers étaient armés de toutes pièces.

Les seigneurs de certains fiefs, sous la seconde race, et tous les chevaliers, sous la troisième, portaient un plastron de fer; sur ce plastron, le gobisson; sur le gobisson, le haubert; et sur le haubert, la cotte d'armes.

Le gobisson était une espèce de pourpoint de taffetas rembourré de laine et piqué. Il servait à rompre l'effort du coup de lance qui, sans percer le haubert, aurait pu faire des contusions.

Le haubert était une tunique faite de petits anneaux de fer, à laquelle on accrochait les chausses, qui étaient faites de pareils anneaux, et qui couvraient les jambes.

La cotte d'armes était du drap le plus fin, quelquefois d'étoffe d'or ou d'argent; on y mettait ses armoiries. Le heaume garantissait la tête, le visage et le chignon du cou. On appelait visière du heaume une petite grille qu'on pouvait relever pour prendre l'air.

C'est aussi sous la seconde race que l'usage des cuirasses s'introduisit. Cette pièce de l'armure avait été connue des Grecs et des Romains. Du temps de Philippe-Auguste, les chevaliers cherchèrent à se rendre presque invulnérables par la manière de joindre tellement toutes les pièces de leur armure, que ni le javelot ni l'épée ne pussent pénétrer jusqu'à leur corps. Sous Louis le Jeune, ils avaient une espèce de pourpoint fait de cuir, bourré de laine ou de crin, et couvert par devant d'un plastron d'acier. Par-dessus était une cotte ou chemise de mailles de fer doubles, qui descendait jusqu'aux genoux. Quand on quittait le heaume pour se reposer, on prenait l'armet, casque léger, sans visière et sans gorgerin, que portait particulièrement la cavalerie légère.

Mais le grand engin de guerre, c'est la poudre à canon.

La découverte de cette poudre paraît dater de temps très-reculés, et l'on croit généralement que les Chinois en faisaient usage plusieurs siècles avant notre ère. On en attribue l'invention en Europe à Berthold Schwartz, autrement dit Constantin Angliksen, cordelier, originaire de Fribourg en Allemagne, qui trouva cette composition par hasard, en travaillant à des opérations de chimie, à Cologne, en 1320, ou, selon d'autres, en 1351.

Il avait déjà été question, dans le siècle précédent, de quelque chose qui pouvait conduire à cette découverte. Le moine Roger Bacon, dans un livre publié à Oxford, en 1216, parle de l'explosion de salpêtre renfermé dans un globe, comme d'une expérience familière ; ce même chimiste parle de feux artificiels dont l'impétuosité imitait les effets de la poudre, à en juger par l'idée qu'il cherche à en donner. « On ne commença, dit l'auteur des *Amusements philologiques*, page 453 de la 2e édition, à se servir de la poudre à canon qu'en 1338, pour attaquer les châteaux et non les hommes. » Cependant un passage d'un auteur arabe, nommé Abu-Abdalla-Ebna-Alkhatif, semblerait annoncer que l'usage en est antérieur à 1338.

L'histoire du Languedoc présente, sous la date de 1345, une quittance donnée à la trésorerie de la sénéchaussée de Toulouse *pour fourniture de canons de fer et de poudre pour le service des canons.*

Quel que soit l'auteur de cette découverte, il est sûr qu'elle a apporté un grand changement dans l'art militaire, et qu'une de ces inventions qui font époque dans les annales du monde devait inspirer la verve des poëtes.

Si Louis XV avait eu l'âme ambitieuse et cruelle, la France aurait fait dans l'art de la guerre une révolution aussi grande que celle que produisit autrefois la découverte de la poudre à canon. Un Dauphinois, nommé Dupré, qui avait passé sa vie à faire des opérations de chimie, inventa un feu si rapide et si dévorant, qu'on ne pouvait ni l'éviter ni l'éteindre : l'eau lui donnait une nouvelle activité. Sur le canal de Versailles, en présence du roi, on en fit des expériences qui firent frémir les militaires les plus intrépides. Quand on fut bien sûr qu'un seul homme, avec un tel art, pouvait détruire une flotte ou brûler une ville, on défendit à Dupré de communiquer son secret à personne, et le roi le récompensa pour qu'il se tût. Il est mort peu de temps après, emportant avec lui sa terrible découverte.

Cependant, on croit que c'est le *feu grégeois*, découvert par Callinique, ingénieur d'Héliopolis en Syrie, au viiᵉ siècle. Il se jetait quelquefois avec une espèce de mortier, ou bien avec des arbalètes à tour; souvent dans des fioles et dans des pots; d'autres fois, ce feu, qui augmentait de force et de violence dans l'eau qui semblait lui servir d'aliment, et que l'huile pouvait seule éteindre, était lancé avec des pieux de fer aigus, enduits de poix, d'huile et d'étoupes.

Sous le règne de saint Louis, les Sarrasins se servirent avec succès de ce feu, qui causa le plus grand ravage dans l'armée des croisés. Les Français savaient le secret de l'éteindre, et ils y réussirent plusieurs fois, ainsi que le témoigne Joinville, avec du vinaigre ou des cuirs encore chauds. Le secret de ce feu se perdit ensuite jusqu'à Louis XV, et on pense que Dupré le retrouva.

Le baron d'Arétin a découvert dans la Bibliothèque de Munich un manuscrit latin du xiiiᵉ siècle, contenant un traité et la recette du feu grégeois, que les savants croyaient perdue.

Mais le plus innocent emploi de la poudre, ce sont les feux d'artifice, que les anciens ont connus.

Cependant, la poudre était inconnue aux anciens. Quelle était donc la matière combustible qu'ils mettaient en œuvre pour donner ces sortes de spectacle? C'est ce que nous ignorons.

On est redevable au P. d'Incarville d'une préparation de fer dont les Chinois se servent pour former leur feu brillant et pour représenter des fleurs. C'est à lui que nous devons la connaissance d'une pâte que ces peuples emploient pour représenter en feu des figures d'animaux et des devises.

Le feu vert a été trouvé par Margraf; et Diller, dans une expérience au Panthéon, au moyen de trois gaz inflammables, imita parfaitement les soleils, les étoiles, les triangles, les croix de Malte, et toutes sortes de figures d'animaux auxquels il donnait le mouvement.

La poudre à canon est un mélange de nitre, de soufre et de charbon. Les proportions pour la poudre de guerre sont : 75 de nitre, 12 1/2 de soufre et autant de charbon; pour la poudre de chasse, 78 de nitre, 12 de charbon et 10 de soufre; pour la poudre de mine, 65 de nitre, 15 de charbon et 20 de soufre. Le charbon que l'on emploie dans la fabrication de la poudre doit être extrait de bois légers, et doit contenir le plus possible d'hydrogène. On obtient ce charbon en vases clos et sans pousser trop loin la carbonisation. Quant au salpêtre et au soufre, ils doivent être parfaitement purs. Ces trois éléments de la poudre sont réduits séparément en poussière impalpable, dans des tonneaux contenant des gobilles do cuivre, et tournant sur des axes avec rapidité. Le mélange s'opère ensuite d'une manière intime, en faisant rouler avec de la grenaille de plomb, dans un tambour, les poudres de salpêtre, de soufre et de charbon, prises en quantités déterminées; puis on ajoute 14 pour 100 d'eau à une portion de mélange, que l'on passe à travers un tamis, et que l'on fait ensuite rouler dans un tambour pour obtenir de petits grains ronds; ceux-ci deviennent les noyaux de grains que l'on obtient en ajoutant le reste du mélange et en le faisant tourner dans les tambours. La poudre ainsi grenée est passée sur trois tamis. Les grains les plus gros forment la poudre à canon, les moyens donnent la poudre à fusil, et les plus petits servent de noyaux pour une opération subséquente.

Un mélange de chlorate de potasse et de soufre détone par la percussion. L'acide sulfurique versé sur un mélange de ce chlorate avec du benjoin y détermine l'inflammation. Toutes ces merveilles et bien d'autres constituent l'admirable histoire du *feu* et autres éléments, que nous allons maintenant examiner avec plus de détails.

VII.

Le Feu et l'Eau ; Gaz et Distillation.

C'est une vérité généralement attestée par les traditions les plus anciennes et les plus unanimes, qu'il y a eu un temps où une grande partie du genre humain ne savait ce que c'était que le feu, ou ignorait les propriétés et l'usage de cet élément. Les Egyptiens, les Phéniciens. les Perses, les Grecs, et plusieurs autres nations avouaient qu'originairement leurs ancêtres n'avaient pas l'usage du feu. Les Chinois conviennent de la même ignorance dans leurs premiers pères, Pomponius Méla, Pline, Plutarque, et plusieurs autres auteurs de l'antiquité, parlent des nations qui, lorsque ces auteurs écrivaient, étaient privées de l'usage du feu ; fait attesté aussi par des relations modernes.

Les habitants des îles Mariannes, découvertes en 1521, n'avaient aucune idée du feu. Jamais ils ne furent plus surpris que quand ils en virent, lors de la descente que Magellan fit dans une de leurs îles. Ils le regardèrent

Sauvages se procu... ut au feu.

d'abord comme une espèce d'animal qui s'attachait au bois dont il se nourrissait. Les premiers qui s'en approchèrent de trop près s'étant brûlés, en donnèrent de la crainte aux autres, et n'osèrent plus le regarder que de loin, de peur, disaient-ils, d'en être mordus, et que ce terrible animal ne les blessât par sa violente respiration ; car c'est l'idée qu'ils se formèrent de la flamme et de la chaleur. Telle avait été aussi celle que les Grecs s'en étaient formé originairement.

La nature cependant offrait aux premiers hommes plusieurs indications sur le feu, et plusieurs moyens d'en assurer la découverte. La foudre ne porte que trop souvent la flamme sur la terre. Les Egyptiens disaient être redevables de la connaissance du feu à un accident de cette sorte. Le feu est souvent occasionné par la fermentation de certaines matières réunies dans un même lieu, par le choc des cailloux et par le frottement des bois. Le vent a plus d'une fois embrasé des roseaux et des forêts ; c'est à cette cause que les Phéniciens rapportaient la découverte du feu. Vitruve est du même sentiment. Les Chinois disent que Sui-Gin-Schi, un de leurs premiers souverains, enseigna la manière d'allumer du feu, en frottant fortement deux morceaux de bois et en les faisant tourner l'un dans l'autre ; les Grecs avaient à peu près la même tradition. C'est encore aujourd'hui la méthode la plus usitée chez les sauvages. Enfin, sans parler des volcans, on trouve des feux naturels allumés dans presque tous les pays.

S'il a donc été un temps où presque tous les hommes étaient privés de l'usage du feu, ce n'est pas que cet élément ne se manifestât en bien des manières, mais c'est qu'on ignorait l'art de s'en servir, d'en avoir à volonté, de le transporter, et de le reproduire après qu'il était éteint. Aussi tous les peuples ont-ils regardé ceux à qui ils ont cru être redevables de cette découverte comme les inventeurs des arts, parce qu'en effet il n'y a presque aucun art qui puisse se passer du feu.

Ce fut à l'occasion de la douleur que ressentit M. du Fay, en tirant par hasard une étincelle de la jambe d'une personne suspendue sur des cordons de soie, qu'il pensa que la matière électrique était un véritable feu, capable de brûler aussi bien que le feu ordinaire, et que la piqûre douloureuse qu'il avait ressentie était une vraie brûlure. Enfin, plusieurs savants d'Allemagne ayant répété les expériences de M. du Fay et poursuivi ses recherches, Ludolf vint à bout d'enflammer l'esprit-de-vin par une étincelle électrique qu'il tira du pommeau d'une épée, et confirma par cette belle expérience ce qu'avait avancé du Fay sur la ressemblance du feu et de la matière électrique.

On sait aujourd'hui que tous les corps susceptibles d'électricité, c'est-à-dire presque tous les corps de la nature, font apercevoir le feu *électrique* d'une manière plus ou moins sensible, dès qu'on les électrise à un certain degré.

Les physiciens ne disent point en quoi consiste l'essence de la matière électrique ; ils ne la définissent que par ses propriétés et n'en expliquent que les effets. Tous cependant conviennent qu'il existe une matière électrique très-fluide et très-subtile, rassemblée autour des corps électrisés, et qui, par ses mouvements, est la cause des effets de l'électricité que nous apercevons, lorsqu'après avoir été chassée par le frottement (ou toute autre cause) des corps électrisés, elle y rentre avec force et entraîne avec elle les petits corps qui se trouvent dans son tourbillon.

Les premières observations sur l'électricité sont de Gilbert, physicien anglais, qui a si bien écrit sur l'aimant. Quelque temps après, Otto de Guéricke, de Magdebourg, s'avisa de faire, avec un globe de soufre, des expériences qui donnèrent des connaissances plus exactes sur cette propriété des corps : ce fut la première machine de rotation qui parut. Cet habile physicien découvrit le premier les attractions et les répulsions électriques, et la possibilité de transmettre l'électricité par le moyen d'un fil.

En 1720, Gray donna le moyen d'électriser les métaux et les liqueurs par la simple approche d'un corps électrisé.

Dufay a ranimé toutes ces expériences, et en a fait un sujet particulier de physique fort curieux. C'est lui qui a trouvé que la corde la plus commune était la meilleure pour transmettre l'électricité. Il a découvert que la soie ou des tuyaux de verre ordinaire n'interrompent point le cours de la matière électrique le long des cordes qu'ils supportent. Il a porté enfin l'électricité à une distance beaucoup plus grande que les Anglais.

Il était réservé au xviiie siècle de produire, par le

moyen de la machine électrique, les phénomènes les plus
surprenants, tels que la commotion électrique ou l'expérience de Leyde ; le clavecin électrique du P. Laborde ;
l'aurore boréale de M. Canton ; la balance de Winkler ;

Machine électrique.

le drap à aigrettes électriques·de Villette ; les pluies de
feu, les jets d'eau, les cascades électriques, et mille autres
jeux qui présentent un spectacle plein de phénomènes

singuliers. Enfin, à côté de la *vapeur* qui nous fait voyager comme l'oiseau, le xix° siècle a vu le *télégraphe*, rapide comme l'éclair, et la *lumière électrique* qui imite les splendeurs du soleil. Et tout cela nous est venu par l'étude du *feu*, qui nous cache encore bien des merveilles.

L'identité du feu électrique avec celui de la foudre fut découverte par Franklin ; c'est lui qui le premier nous apprit à faire descendre le feu du tonnerre dans un laboratoires, à le combiner, à le toucher pour ainsi dire. Depuis que la ville de Philadelphie a adopté l'usage des barres électriques sur les maisons, elle est garantie des ravages du tonnerre qui auparavant y étaient très-fréquents. Le paratonnerre a été inventé par Franklin en 1757. Cette invention a été perfectionnée par MM. Chappe et Bertholon ; mais il y eut des paratonnerres établis dans le Nouveau-Monde longtemps avant que la France jouît d'une découverte dont l'utilité est si bien démontrée ; ce ne fut même qu'en 1782 que Paris vit s'élever ces flèches électriques sur le modèle de celles que M. l'abbé Bertholon avait déjà construites en plusieurs endroits de ce royaume.

Cette machine consiste en une barre ou verge de fer terminée par une pointe de platine, qu'on place sur le point le plus élevé d'un édifice pour le garantir de la foudre. Un cordon, composé de fils de fer ou de laiton tressés, et enduit d'une couche de vernis gras, conduit la foudre, lorsqu'elle tombe sur le fer protecteur, jusque

dans un puits, ou au moins dans un souterrain constamment humide.

Après avoir décrit l'électricité du tonnerre, ses effets et
les moyens préservatifs pour les bâtiments, Franklin,
dans des observations qui n'ont été publiées qu'après la
mort de ce célèbre physicien, dit : « Une personne qui
craint le tonnerre, et qui se trouve pendant un orage
dans une maison qu'on n'a pas préservée des effets de ce
météore, fera très-bien de s'éloigner de la cheminée, des
miroirs, de la boiserie, si elle est dorée, et des bordures
de tableaux qui le seraient. La place la plus sûre est au
milieu de la chambre, pourvu qu'il n'y ait pas au milieu
de lustre de métal suspendu par une chaîne ; il faut s'as-
seoir sur une chaise et mettre ses pieds sur une autre. Il
est encore plus sûr de mettre au milieu de la chambre un
matelas pliés en deux et de placer des chaises dessus ;
car ces matelas ne conduisant pas la matière du tonnerre
comme les murs, cette matière ne préférera pas d'inter-
rompre son cours en passant à travers l'air de la chambre
et les matelas, quand elle peut suivre le mur, qui est un
meilleur conducteur. Mais lorsqu'on peut avoir un hamac
soutenu par des cordes de soie ou de laine, ou de crin, à
une égale distance du plafond, du plancher et des murs
de l'appartement, on a tout ce qu'une personne peut se
procurer de plus sûr dans quelque chambre que ce soit,
et réellement ce qu'on peut regarder comme le plus
propre à se mettre à l'abri du tonnerre. »

Nous retrouvons donc le *feu* partout. La figure sphéroï-dale de la terre, conformément à la théorie de Newton, prouve qu'elle a dû être fluide au début de sa formation.

Aussitôt que la terre eut acquis la *liquidité*, et qu'elle eut pris sa figure actuelle, les couches minérales commencèrent à se former sur un noyau solide quelconque.

Quelle est la cause qui a donné de la liquidité aux matières dont la masse de la terre se trouvait composée? Duluc pense que c'est *le feu* Toutes les substances liquéfiables resteraient constamment dans l'état solide, tant qu'elles ne sont pas pénétrées de la quantité de feu nécessaire pour opérer leur liquéfaction.

Quel degré de température a-t-il fallu pour liquéfier toutes les substances élémentaires? D'où vient ce feu qui fit jouer tout d'un coup tant d'affinités chimiques, jusque-là endormies? La clarté et la chaleur sont les effets de la *lumière* et du *feu*; libres, ils produisent ces effets; mais captivés, enchaînés par leur affinité chimique, ils cessent souvent de les produire : il y a du feu dans un caillou, mais il y reste caché, si vous ne frappez pas ce caillou avec un autre corps dur. La lumière accompagne presque toujours le feu; il semble même qu'il en fait une partie essentielle. La terre, avant le commencement des opérations géologiques, pouvait bien contenir l'élément qui, combiné avec la lumière, produit le feu, mais non pas l'élément de la lumière.

Nous sommes ramenés ici au célèbre verset de Moïse :

Que la lumière soit! C'est le premier anneau dans la chaîne des événements géologiques ; car, si l'on voulait encore remonter à un anneau plus haut , ce serait pour trouver la *source* de cette lumière. Elle n'est pas dans la physique ; elle n'est pas dans la matière éternelle ; elle ne peut être que dans la volonté du Créateur, de la première cause qui enfanta les mondes.

Figurez-vous ces temps antérieurs où les *eaux*, jusqu'alors réunies en vapeurs, se sont condensées et ont commencé à tomber sur la terre brûlante, aride, crevassée par le feu ; tâchons de nous représenter les effets prodigieux qui ont accompagné et suivi cette chute précipitée des matières volatiles ; la séparation de l'élément de l'air et de l'eau, le choc des vents et des flots qui tombaient en tourbillons sur une terre fumante. Il est aisé de sentir que les eaux qui couvraient la surface de la terre presque tout entière, étant continuellement agitées par la rapidité de leur chute, auront obéi à toutes les impulsions, et que, dans leurs mouvements, elles auront commencé par sillonner plus à fond les vallées de la terre , par renverser les éminences les moins solides, rabaisser les crêtes des montagnes, percer leurs chaînes dans les points les plus faibles, et s'ouvrir des routes souterraines.

La durée du temps pendant lequel les eaux couvraient nos continents a été très-longue, comme on peut le constater en considérant l'immense quantité de productions marines qui se trouvent jusqu'à d'assez grandes profondeurs, et à de très-grandes hauteurs dans toutes les parties de la terre.

Il s'est donc formé successivement une mer universelle qui n'était interrompue et surmontée que par les sommets des montagnes d'où les premières eaux s'étaient déjà retirées en s'écoulant dans les lieux plus bas ; ces terres, ayant été travaillées les premières par le séjour et le mouvement des eaux, auront aussi été fécondées les premières ; et tandis que toute la surface de la terre n'était pour ainsi dire qu'un archipel général, la nature organisée s'établissait sur ces montagnes ; elle s'y déployait même avec une grande énergie ; car la chaleur et l'humidité, ce grand principe de toute fécondation, s'y trouvaient réunies et combinées à un plus haut degré qu'ils ne le sont aujourd'hui dans aucun climat de la terre.

Comme l'air, l'eau est indispensable à l'entretien de la vie des animaux. Convertie en vapeur, l'eau forme les nuages, se résout en pluie et devient un des principes les plus fécondants de la végétation. L'eau courante est le moteur le plus économique dont les hommes puissent disposer ; chauffée à un certain degré, elle devient un agent d'une force illimitée (machine à vapeur); elle est enfin un des beaux ornements de cet univers. Les ruisseaux, les lacs, les cascades forment la beauté d'un paysage, et rien n'est plus majestueux que le cours d'un grand fleuve, comme rien n'est plus imposant que le spectacle d'une mer courroucée. — L'eau qui enveloppe une partie du globe (eau de mer), ou qui coule dans son intérieur ou à sa surface (eaux douces), contient toujours des matières étrangères, dont on la débarrasse par l'évaporisation ou la distillation. Pour connaître la quantité de matières solides, telles que le sulfate de chaux, le carbonate de chaux, que l'eau d'une source, d'un puits, tient en dissolution, on fait évaporer le liquide dans un vase étamé ou vernissé placé sur un foyer. On juge de la pureté de l'eau par la quantité et la nature du résidu. On peut regarder comme bonnes à boire les eaux vives, limpides, sans odeur, dans lesquelles les légumes cuisent bien et qui dissolvent le savon sans produire des grumeaux, qui conservent leur transparence, quoiqu'on y mêle le nitrate d'argent, et qui, évaporées jusqu'à siccité, laissent peu ou point de résidu. L'eau pure ne formerait jamais une excellente boisson, si elle n'était suffisamment *aérée*. Les eaux provenant des pluies, des glaces ou de la neige, doivent être *filtrées* en les faisant passer à travers une pierre poreuse ou une couche de sable fin. Il suffit ensuite de les agiter dans un lieu bien *aéré* pour qu'elles constituent une bonne boisson.

Lavoisier est un des premiers qui par leurs expériences ont démontré que l'eau n'est point un corps simple ; il est parvenu à faire connaître les principes qui la composent et les rapports qu'ils ont entre eux. Dès 1776, Macquer et Sigaud-Lafond observèrent qu'il se déposait de l'eau sur les parois des vases au-dessous desquels on faisait brûler le gaz hydrogène. Au commencement de l'année 1781, Priestley, ayant lait détoner un mélange de gaz hydrogène et de gaz oxygène dans un vaisseau de verre, observa aussi qu'après la détonation l'intérieur du vase était humide ; mais aucun d'eux n'en conclut que l'eau était composée d'hydrogène et d'oxygène. Ce fut Cavendish qui, dans l'été de la même année 1781, ayant répété l'expérience de Priestley avec un très-grand soin, et s'étant procuré ainsi plusieurs grammes d'eau, osa le premier en tirer cette conséquence. Cependant il était nécessaire, pour convaincre les esprits, de brûler de grandes quantités de gaz hydrogène, de mesurer les proportions de gaz hydrogène et de gaz oxygène qui se combinaient, et de prouver que leur poids était absolument le même que celui de l'eau formée. C'est ce qu'essaya Lavoisier en 1783, et ce qu'il exécuta avec Meunier en 1785, au moyen des gazomètres dans un grand ballon de verre.

Parmi les chimistes qui répétèrent l'expérience de Lavoisier, on doit surtout citer M. Lefebvre-Gineau, professeur au Collége de France, Fourcroy, MM. Vauquelin et Séguin : ceux-ci obtinrent jusqu'à cinq hectogrammes d'eau parfaitement pure. Aujourd'hui la composition de l'eau est si bien connue, que l'on détermine ainsi le rapport de ses éléments : gaz hydrogène, 11 décigrammes 71 ; oxygène, 88 décigrammes 29 ; un centième ou un demi-centième de gaz azote, que les gaz qui entrent dans la composition de l'eau renferment et qui n'échappe pas même à l'analyse.

M. Berthollet, si connu par les heureuses applications qu'il a faites de la chimie aux usages domestiques, a donné le moyen de conserver longtemps de l'eau dans des tonneaux sans qu'elle se gâte. Il recommande de charbonner l'intérieur de ces tonneaux, ce qui préserve l'eau de cette odeur de croupi qu'elle prend ordinairement en dissolvant le principe extractif du bois ; on parvient ainsi à conserver l'eau dans les voyages de long cours sur mer.

Il resterait à faire connaître ici l'origine des eaux minérales, ce qui entraînerait trop loin. Qu'il nous suffise d'indiquer une découverte dont s'est enrichie la science, et dont l'humanité recueille le fruit. Les sources thermales, connues antérieurement à Pline, prêtaient déjà du temps de cet écrivain leur secours à la médecine. Leurs propriétés provenant du sol qu'elles traversent, il faudrait les faire venir à grands frais de pays souvent très-éloignés, ou les prendre sur les lieux, si la chimie n'était parvenue à imiter la nature dans cette circonstance. Bergman, en 1778, et Kirwan, en 1799, publièrent des dissertations générales sur l'analyse des eaux minérales. L'essai que M. Bouillon-Lagrange mit au jour en 1810, les travaux de MM. Vauquelin, Fourcroy, Deyeux et de plusieurs autres chimistes, ne permettent plus de douter des avantages que l'on peut retirer des eaux minérales factices, dans les maladies où ces eaux naturelles procuraient quelque soulagement.

L'eau marine, comme l'on sait, n'est pas en elle-même propre à la boisson de l'homme ; mais on a depuis longtemps observé qne les vapeurs qui s'élèvent de la mer sont douces, et on a pu en conclure qu'il suffisait de les réunir et de les condenser pour en retirer une liqueur potable et propre aux usages domestiques. Ce phénomène était connu du temps de Pline, qui dit littéralement : « Les toisons étendues autour du vaisseau, après avoir reçu les vapeurs de la mer, deviennent humides, et on en peut extraire une eau douce. » Vers le milieu du dernier siècle, on était parvenu à trouver le moyen de dessaler l'eau de la mer. Plusieurs savants, parmi lesquels on compte Bayle, Leibnitz et le comte de Marsigly, avaient fait à ce sujet un grand nombre d'expériences infructueuses. Plus heureux que ceux qui l'avaient précédé, M. Poissonnier parvint à cette époque à inventer une machine distillatoire très-simple, à l'aide de laquelle il a réussi à ôter à l'eau de l'Océan son goût amer, et à lui procurer une parfaite salubrité.

S'il faut, disent les *Affiches de province*, 1784, page 507, s'en rapporter aux papiers anglais, on a fait à York, avec succès, l'expérience d'une machine très-simple, inventée pour dessaler l'eau de la mer et la rendre potable. Cette machine, est-il dit, est à peu près construite comme celle du docteur Irvin, et l'usage en est très-facile ; elle peut se fixer à volonté sur la chaudière des cuisines, et la distillation se fait en même temps que les aliments cuisent ; sur seize parties d'eau salée, on en a tiré onze de belle eau très-douce. Le résidu offre une saumure extrêmement âcre et pénétrante.

Enfin, en 1817, MM. les commandants et intendants de la marine à Brest, Toulon et Rochefort, reçurent l'ordre de faire distiller une quantité d'eau de mer suffisante pour fournir pendant un mois à la boisson et à la préparation des aliments d'un certain nombre de forçats. Il fut prescrit en même temps de former, dans chacun des ports indiqués, une commission composée d'employés d'administration et d'officiers de santé militaires, pour observer l'état des hommes soumis à ces expériences et rendre compte des résultats.

On a remarqué qu'après la distillation, l'eau de la mer a toute la limpidité de l'eau distillée ordinaire ; qu'elle dissout bien le savon et cuit bien les légumes : l'aréomètre n'a présenté aucune différence entre cette eau et celle de source également distillée. L'eau de la mer sortant de l'alambic avait un goût de feu, de brûlé, qui appartient seulement à l'action du calorique, puisque l'eau de mer et l'eau douce, comparées sous le rapport du goût, à leur sortie de l'alambic, se sont trouvées parfaitement semblables. L'eau de mer distillée ne perd pas immédiatement son odeur ni son goût empyreumatique ; mais exposée à l'air libre, pendant un certain temps, elle perd sa fadeur, devient plus sapide, et acquiert enfin toutes les qualités de l'eau douce.

Disons en passant que c'est dans les écrits des Arabes que l'on trouve pour la première fois le mot *alambic*, qui dérive de leur propre langue, et qu'ils le connaissaient avant le xe siècle. Quoi qu'il en soit, cet instrument est resté bien imparfait jusqu'à la fin du siècle dernier, malgré plusieurs tentatives faites en divers temps pour perfectionner l'appareil distillatoire.

En 1801, Edouard Adam perfectionna le mode de distillation des eaux-de-vie et des esprits, et changea la forme de l'appareil qui servait à cette opération importante. Il plaça entre le chapiteau et le réfrigérant une série de vases remplis de vin ; il fit traverser par la vapeur qui sortait de la chaudière tout le liquide contenu dans ces vases. La seule chaudière était exposée au feu du fourneau, et toute la masse du liquide entrait en ébullition. Presque en même temps Solimani et Isaac Bérard, se fondant sur d'autres principes, se bornèrent à placer entre la chaudière et le réfrigérant un vase particulier, qu'ils appelèrent *condensateur*, immergé dans l'eau plus ou moins chaude. La fonction de ce vase consiste à séparer, par la différence de température, les vapeurs aqueuses des vapeurs alcooliques, en transmettant seulement ces dernières à la condensation. Par ce moyen ingénieux ils ont beaucoup hâté la distillation, et obtenu par une seule *chauffe* des produits plus parfaits et plus purs.

Tout porte à croire que l'art de la distillation a pris naissance chez les Arabes, qui de tout temps se sont occupés d'extraire l'arome des plantes, et qui ont successivement porté leurs procédés en Italie, en Espagne et dans le midi de la France.

Rhasès et Albucase ont décrit des procédés particuliers pour extraire les principes aromatiques des plantes : il paraît qu'on en recevait généralement les vapeurs dans des chapiteaux qu'on rafraîchissait avec des linges mouillés. Mais dans la suite, Jérôme Bubée, Jean-Baptiste Porta, Jean-Rodolphe Glauber, malgré les améliorations qu'ils avaient successivement apportées, tant dans les procédés que dans les appareils, n'avaient pas fait faire de grands pas à l'art de la distillation. Ce ne fut donc que dans les premières années de ce siècle que cet art a été établi sur de nouveaux principes, et qu'il a laissé loin derrière lui tout ce qui était connu et pratiqué auparavant.

Les appareils de M. Argand furent remplacés par ceux d'Edouard Adam, dont le procédé ingénieux permet d'obtenir à volonté, et par une seule opération, tous les degrés de *spirituosité* alcoolique. Mais ces appareils étaient immenses et très-coûteux ; on chercha à en réduire les dimensions et à les mettre à la portée du plus grand nombre.

Isaac Bérard produisit, peu de temps après, un appareil plus simple qui fut généralement adopté.

La science a marché depuis jusqu'à rendre potable l'eau de mer. Mais le seul moyen qui réussit, la distillation, demande trop de soins et trop de chauffage pour pouvoir être employé en grand. Ainsi les marins, quoique nageant au milieu de l'eau, se voient souvent exposés à mourir de soif, lorsque leur provision d'eau fraîche est épuisée. S'ils trouvent des glaces fixes ou flottantes, ils n'ont qu'à en prendre des morceaux, qui, en se fondant, donnent une eau douce, quoiqu'un peu fade. La distillation n'enlève même pas toute l'amertume des eaux de la mer.

A force de recherches, on a fini par découvrir que l'eau était un composé de plusieurs gaz, aussi bien que l'air que nous respirons.

Jusqu'à l'année 1630, on considérajt l'air comme un élément, et l'on était loin de soupçonner qu'il fût pesant. Les anciens, sans avoir décomposé l'air, en connaissaient une des plus intéressantes propriétés, celle de nourrir et d'entretenir la vie. Ce fut Jean Rey, médecin, né à Bugue en Périgord, qui le premier donna l'idée de la décomposition de l'air. Un nommé Brun, apothicaire, ayant trouvé que l'étain augmentait de poids dans la calcination, en demanda la cause à Jean Rey. Celui-ci, après avoir répété et varié les expériences de Brun, répondit que cette augmentation de poids était due à l'absorption de l'air. Cette idée neuve demeura dans l'oubli pendant près d'un siècle et demi. Bayen l'en fit sortir, lorsque, par ses belles expériences sur la calcination des métaux, il prouva que l'augmentation de leur poids n'est due qu'à l'absorption de l'air dans l'opération. Cependant il ne paraît pas qu'il ait eu connaissance des opérations et des travaux de Jean Rey.

Il y avait encore loin de cette première découverte aux conséquences des premiers travaux qui ont illustré Lavoisier. Par des expériences multipliées, ce célèbre chimiste trouva qu'il n'y avait qu'une portion de l'air absorbée par les métaux dans leur calcination ; que l'air était composé de deux fluides au moins, de gaz oxygène et de gaz azote ; que l'oxygène était le seul qui entretenait la combustion des corps, ainsi que la vie dans les animaux et les végétaux.

La découverte des gaz a produit les plus grands changements en chimie : elle a fait reconnaître pour corps composés l'air, l'eau et plusieurs autres substances qui jusqu'alors avaient été regardées comme des éléments ou corps simples.

On a fait de nombreuses applications des gaz aux usages domestiques, à l'éclairage, au chauffage, à la distillation. La nomenclature chimique et l'étude de cette science ont rendu populaires les secrets les plus mystérieux de la nature.

Parmi les auteurs qui se sont occupés de l'analyse des gaz ou de leur découverte, il faut citer Scheele, auquel une mort prématurée ne permit pas de partager avec Lavoisier la gloire d'avoir créé la théorie nouvelle. Tout le monde connaît les noms de Berthollet, Humboldt, Gay-Lussac, Thénard, Vauquelin, et Davy en Angleterre. C'est dans les mémoires et les traités de ces savants que nos lecteurs curieux pourront trouver des détails qui n'appartiennent pas au cadre de notre ouvrage.

Après avoir étudié les éléments dans ce qu'ils ont de plus curieux et de plus pratique, nous revenons aux choses les plus vulgaires, à commencer par le moulin.

VIII.

Le Moulin et le Pain; Vin et Gastronomie.

Le premier usage qu'on fit de la farine fut de la dé-
layer dans l'eau et de manger cette mixtion, sans autre
apprêt, ainsi qu'en usent de nos jours les montagnards
d'Ecosse et plusieurs autres peuples. La manière la plus
ordinaire d'employer la farine dans l'antiquité était donc
d'en composer une espèce de bouillie, qu'on faisait cuire
dans des vases de terre, comme le *farro* des Italiens.
Quand ils avaient des viandes, ils les faisaient cuire avec
cette bouillie. Cette manière d'employer la farine a subsisté fort longtemps; elle était en usage chez les Grecs,
les Romains, les Perses et les Carthaginois.

Il n'est pas facile de deviner par quels degrés on est

parvenu à convertir la farine en pain, ni à quelle époque précise on apprit à moudre le blé.

On ne s'avisa pas d'abord de concasser le grain pour en faire usage ; on se contenta de le séparer de sa pellicule ou de son enveloppe, comme on fait pour manger des noix ou des amandes. Pour cet effet, on le faisait torréfier, ainsi que les sauvages le pratiquent encore aujourd'hui. On le concassa ensuite, et l'on fit des espèces de gruaux semblables à ceux que nous faisons avec l'avoine. En pilant davantage les grains dans les mortiers, on les réduisit en une espèce de poudre qu'on nomma *farine*, du mot *far*, qui est le nom d'une sorte de blé dont on se servait le plus, et qu'on préparait ainsi.

On perfectionna dans la suite les moyens de convertir les grains en farine ; il paraît par un passage d'Homère qu'on a été dans l'usage d'écraser le grain avec des rouleaux sur des pierres taillées en tables, au lieu de le faire dans des mortiers avec des pilons ; ce qui vraisemblablement conduisit à le broyer entre deux meules dont on fait tourner la supérieure sur l'inférieure. On n'a su, à proprement parler, réduire le grain en farine que lorsqu'on a su le moudre par le moyen de ces meules.

Dans les premiers temps, la meule supérieure n'était que de bois, mais il y avait autour des espèces de têtes de clous de fer. Dans la suite, on les a prises toutes deux de pierre ; elles n'étaient alors que d'un pied de diamètre ; mais on trouva bientôt le moyen de mouvoir ces machines autrement qu'à force de bras, et avec moins de peine. Cela donna lieu d'augmenter le diamètre de ces meules, et on les fit tourner par des chevaux et par des ânes.

On ne tarda pas à imaginer d'employer la force de l'eau courante pour mouvoir des meules plus grandes encore que celles qu'on faisait tourner par des animaux; ensuite on apprit à se servir pour cela non-seulement de l'eau, mais aussi du vent. On multiplia ainsi les moyens de moudre les grains.

Les fariniers gaulois commencèrent à moudre les grains sans les monder; et, pour séparer la plus fine farine de la grosse et du son, ils se servirent de gros linges clairs, qu'on avait faits en Egypte avec des filets d'écorce d'arbre, en Asie avec des fils de soie, en Europe avec du crin de cheval; dans la suite, avec des fils de poil de chèvre et avec des soies de cochon, d'où est venu le nom de *sas* que l'on donne à une espèce de tamis.

L'usage du moulin à bras paraît être de la plus haute antiquité. Moïse dit dans l'*Exode*, en parlant de Dieu : « Tous les premiers-nés mourront dans les terres des Egyptiens, depuis le premier-né de Pharaon, qui est assis sur son trône, jusqu'au premier-né de la servante qui tourne la meule du moulin. »

L'usage de ces moulins portatifs passa ensuite aux Grecs. Homère en parle dans l'*Odyssée*. Miletas, deuxième roi de Lacédémone, communiqua cette découverte à ses sujets. Les historiens ajoutent que c'est du nom de ce prince que les pierres à moulin ont été nommées *mule*, dont les Latins ont fait *mola*, d'où vient le nom *meule*.

Quoiqu'en Grèce et en Asie on fit usage du moulin, les Romains continuèrent longtemps encore à piler le blé; et ce ne fut qu'après leurs conquêtes en Asie qu'ils s'en servirent, à l'imitation des peuples qu'ils avaient vaincus.

Ils employèrent à ce travail les esclaves et ceux qui y étaient condamnés pour cause de délits de police. Ensuite, ayant augmenté les meules, et les forces des hommes ne suffisant plus à les faire mouvoir, ils y adaptèrent des chevaux et des ânes. L'expérience des moulins tournés par des animaux ayant fait connaître combien ils rendaient plus de farine, et en moins de temps que les moulins à bras, on jugea qu'une force qui serait supérieure à celle-là ajouterait à cette machine un nouveau degré de perfection et de commodité; ainsi l'on parvint, par ces différents degrés de connaissance, à y employer la force de l'eau.

L'usage du pain étant devenu général partout où l'on avait du grain, augmenta la consommation de la farine et l'emploi des moulins. Tout cela ne se fit pas sans que la mouture des grains se perfectionnât. On ajouta aux moulins des bluteaux pour tamiser la farine, à mesure qu'elle sortait des meules; on cessa presque de tamiser à la main, comme on avait cessé de moudre à bras; et comme il en coûtait moins de moudre dans les moulins à eau ou à vent que de moudre chez soi, à bras ou par les animaux, on se mit dans l'usage d'aller dans ces moulins, qui devinrent publics, moyennant une rétribution.

L'époque de la découverte des moulins à eau n'est cependant pas facile à établir. Sans avoir une origine bien reculée, ils ne sont pas aussi modernes qu'on l'avait d'abord pensé. On conjecture qu'ils furent inventés dans l'Asie Mineure, et que les Romains ne s'en servirent qu'à leur retour de cette contrée. Il est certain qu'ils étaient connus du temps d'Auguste, puisque Vitruve en donne la description dans son *Traité d'architecture*. Cependant, Pline, qui écrivait plus de soixante ans après Vitruve, n'en parle que comme d'une machine remarquable, dont l'usage n'était point commun, et qui n'empêchait point qu'on se servît de moulins à bras. Ces machines étaient encore les seules en usage plus de trois siècles après le règne d'Auguste; au moins ne voit-on pas que les moulins à eau fussent destinés au service public. Ce ne fut que sous le règne d'Arcadius que l'usage des moulins à eau fut pratiqué à Rome; ils ne furent d'abord construits que sur des ruisseaux ou sur les canaux et aqueducs des fontaines. L'art n'était pas assez perfectionné pour qu'on risquât de les placer au cours de l'eau des fleuves ou des grandes rivières.

Lorsque la ville de Rome fut assiégée par Vitigès, roi des Goths, comme les moulins à eau étaient dans la campagne de Rome, et au delà du camp des ennemis, Bélisaire, qui commandait dans Rome pour Justinien, fit promptement construire, au pied du Janicule, des moulins qui tournaient par la chute des eaux de la décharge des fontaines. Ce secours n'ayant point suffi à la consommation de la ville, le général hasarda d'en faire construire sur le Tibre, dans des bateaux, au milieu du courant, à peu près comme ceux qu'on a vus à Paris entre le Pont-Neuf et le Pont-au-Change. Ces moulins, imaginés par Bélisaire, sont les premiers que l'on connaisse de cette espèce. De l'Italie, ils ont passé en France dès le commencement de la monarchie, car la loi salique en fait mention, puis dans le reste de l'Europe; et ils ont acquis successivement le degré de perfection que nous leur connaissons aujourd'hui.

L'expérience que l'on avait faite de la force de l'eau fit inventer, dans la suite, les moulins à vent. Il n'y en avait point à Rome du temps de Vitruve; car cet auteur n'aurait point passé sous silence une machine aussi utile. Les moulins à vent viennent donc d'ailleurs. On prétend — et c'est aussi l'opinion du savant abbé Grégoire — qu'ils tirent leur origine des pays orientaux, et que l'usage en fut apporté en France et en Angleterre, au retour des croisades, vers l'an 1040.

L'acte le plus ancien dans lequel il soit fait mention

des moulins à vent est un diplôme qui date de 1105,
dans lequel on permet à une communauté religieuse en
France d'établir un moulin à vent, *molendinam ad ventum*.

De nos jours, plusieurs inventions précieuses ont
contribué au perfectionnement de ces machines d'une

Le meunier.

utilité si générale. Nous renvoyons les lecteurs curieux
au *Dictionnaire des Découvertes en France, de 1789 à la
fin de 1820.*

Ausonius parle de plusieurs moulins à scie, construits
sur la Roer, dans le IVe siècle, pour couper le marbre.
La première scie de ce genre, pour couper le bois, dont

l'histoire fasse mention, était à Augsbourg en 1322. Cependant, il paraît naturel de croire que ces machines ont été employées pour couper le bois, avant de l'être à couper la pierre.

Mais revenons à ce qui intéresse la fabrication du pain. Il paraît que, dans notre langue, le mot *boulanger* vient de ce qu'autrefois on tournait les morceaux de pâte et qu'on faisait les pains ronds comme des boules.

La profession de boulanger, devenue aujourd'hui si nécessaire, était inconnue aux anciens. Les premiers siècles étaient trop grossiers pour apporter tant de façons à leurs aliments. Le blé se mangeait en substance comme les autres fruits de la terre. Après que les hommes eurent trouvé le secret de le réduire en farine, ils se contentèrent encore longtemps d'en faire de la bouillie. Lorsqu'ils furent parvenus à en pétrir du pain, ils ne préparèrent cet aliment que comme les autres, dans la maison et au moment du repas. C'était un des soins principaux des mères de famille ; et, dans un temps où un prince tuait lui-même l'agneau qu'il devait manger, les femmes les plus qualifiées ne dédaignaient pas de mettre la main à la pâte.

« Abraham, dit l'Ecriture, entra promptement dans sa tente et dit à Sara : Pétrissez trois mesures de farine, et faites cuire des pains sur la cendre. »

Les dames romaines faisaient aussi le pain. Cet usage passa dans les Gaules, et des Gaules jusqu'aux extrémités du Nord ; mais les Romains ont été plus de 580 ans sans avoir de boulangers publics.

La France eut dès la naissance de la monarchie des boulangers, des moulins à bras ou à eau, et des marchands de farine appelés *pestores*, puis *paneliers* et boulangers. C'est sous saint Louis que ce corps reçut ses premiers règlements.

De quelque manière qu'on ait fait la découverte de convertir la farine en pain, il est certain qu'elle est fort ancienne. L'Ecriture nous apprend qu'Abraham servit du pain aux trois anges qui lui apparurent dans la vallée de Mambré. Alors on faisait le pain d'une manière fort simple : il n'y entrait d'abord que de la farine, de l'eau et peut-être du sel ; ensuite on y fit souvent entrer, avec la farine, le beurre, les œufs, la graisse, le safran et autres ingrédients. C'était presque ce que nous appelons *galettes* ou *gâteaux*. Les pains n'étaient point épais, ni de forme élevée, comme le sont les nôtres ; ils étaient plats et minces ; aussi n'avait-on pas besoin de couteau pour les partager ; on les rompait facilement avec les mains. De là viennent ces expressions, si souvent répétées dans l'Ecriture : *Rompre le pain, la fraction du pain.*

Les Grecs faisaient honneur de l'invention du pain au dieu Pan. On voit par Homère que cette découverte devait être fort ancienne, et que les femmes étaient les seules qui se mêlassent du soin de préparer cet aliment.

On ne sait pas précisément le temps où le levain a

commencé d'être en usage. Cette heureuse invention ne peut être attribuée qu'au hasard ou à l'économie de quelque personne qui, voulant faire servir un reste de vieille pâte, l'aura mêlée avec de la nouvelle, sans prévoir l'utilité de ce mélange. On aura sans doute été bien étonné, en voyant qu'un morceau de pâte aigrie rendait le pain plus léger, plus savoureux, et d'une plus facile digestion. Il ne paraît pas qu'il entrât de levain dans le pain qu'Abraham servit aux anges; l'usage du levain est cependant fort ancien. Moïse, en prescrivant aux Hébreux la manière dont ils doivent manger l'agneau pascal, leur défend l'usage du pain levé; et d'ailleurs il remarque que les Israélites, lors de leur sortie d'Egypte, mangèrent du pain sans levain et cuit sous la cendre; car, dit-il, les Egyptiens les avaient si fort pressés de partir, qu'ils ne leur avaient pas laissé le temps de mettre le levain dans la pâte.

Il y a cent ans environ que la disette des grains fit imaginer différentes sortes de pain. On en a fait avec des glands, des marrons, des navets, des vesces, des fèves. M. Duduit, de Mézières, en a fait avec des pommes ordinaires et du froment. M. Parmentier, qui, en 1781, a donné un excellent ouvrage, sous le titre de *Recherches sur les végétaux nourrissants*, a tiré de l'amidon et fait du pain de marron d'Inde, des racines d'iris, de serpentaire, de filipendule, des racines d'ellébore à feuilles d'aconit, des mandragores, des chiendents. Depuis, on a fait du pain de pommes de terre, de plusieurs qualités, et nous avons connu à Paris une boulangerie destinée à cette fabrication.

Boulangers enfournant le pain.

Nous avons vu, en parlant de l'origine présumée du *levain*, que l'ouvrier fait souvent de la science sans le savoir. La panification est un vrai travail chimique, et nous allons chercher à expliquer pourquoi le pain de blé est meilleur que tous les autres, à cause du *gluten* qu'il contient, et qui est une cause des plus efficaces pour engendrer la fermentation.

Lorsque la pâte de farine, convenablement préparée, est abandonnée à elle-même dans des circonstances convenables, il se développe une *fermentation* alcoolique qui donne lieu au dégagement d'une quantité de gaz acide carbonique. Le gluten que renferme cette pâte, formant des cellules élastiques et gluantes, retient en grande partie l'acide carbonique, qui soulève ainsi la masse et la rend légère et poreuse. Quand ensuite la cuisson la solidifie, cette pâte reste avec les mêmes caractères et fournit un bon pain.

Quand on aurait mêlé avec la fécule ou de l'amidon une certaine quantité de sucre et de beurre, dont la réaction aurait donné lieu à la formation des mêmes produits, cette pâte, exposée à l'action de la chaleur, ne produirait cependant pas du pain, parce que le gaz formé ne pourrait être retenu dans la masse, qui, ne renfermant pas de *gluten*, manquerait d'élasticité. On aurait alors une masse solide plus ou moins légère, mais qui ne serait pas criblée de pores, comme le doit être le pain. Le gluten réparti dans la farine s'imbibe d'eau, et forme une espèce de membrane qui donne à la pâte de froment l'élasticité qui la caractérise, et retient les gaz que produit la fermentation.

Le gluten pur peut se conserver pendant très-long-temps; mais quand il est humide, il s'altère avec une grande facilité; et l'un des premiers caractères qu'il présente alors, c'est d'avoir perdu une partie de son élasticité. La farine de froment renferme plus de gluten

La porteuse de pain.

qu'aucune autre des céréales employées à la nourriture de l'homme; aussi fournit-elle pour cela seul un meilleur pain. En outre, l'orge, l'avoine, contiennent quelques produits dont la saveur altère celle du pain.

Lorsqu'on a mêlé de la farine de froment avec de l'eau pour former une pâte, si on abandonne celle-ci dans un lieu où la température soit de 20 à 25 degrés, on s'aperçoit bientôt qu'elle éprouve une altération; il s'y développe une odeur alcoolique et ensuite acide; la masse se ramollit et se gonfle plus ou moins. Si on la laissait longtemps dans les mêmes conditions, elle finirait par éprouver une décomposition putride; mais si, lorsqu'elle est seulement gonflée et bien légèrement acide, on la délaie dans l'eau, et que l'on y ajoute de la farine, de manière à en former une masse molle, la fermentation se communique à toute celle-ci, et, après un certain temps, elle devient susceptible de produire du pain en la portant au four. On divise la masse en pâtons d'un poids déterminé. Par exemple, à Paris, pour obtenir un pain de 2 kilog., on pèse 2 kilog. 320 gr. de pâte, à laquelle l'ouvrier donne la forme convenable en la roulant sur le couvercle du pétrin, saupoudré préalablement de farine.

Comme le pain, le vin s'obtient aussi par la fermentation, et ici le paysan fait encore de la chimie sans le savoir.

Les historiens s'accordent à placer dans les temps les plus reculés la connaissance de la culture de la vigne et la découverte de l'art de faire le vin. Il y a lieu de croire que la vigne était connue avant Noé, mais pour le fruit et non pour le vin. On voit dans Homère que, du temps de la guerre de Troie, le transport du vin faisait partie du commerce. Le vin se conservait alors dans de grandes cruches de terre ou des outres faites de peaux de bêtes. Cet usage continue même dans les pays où le bois n'est pas commun. On croit que c'est aux Gaulois établis le long du Pô que nous devons l'invention utile de conserver le vin dans des vaisseaux de bois exactement fermés, et de le contenir dans des fûts, malgré sa fougue.

Quant à la manière dont le vin se faisait dans ces temps reculés, on n'en peut parler que par conjectures. On aura d'abord écrasé les grappes avec les mains; on aura cherché ensuite des moyens plus expéditifs. Si nous en croyons les historiens, les pressoirs sont de la plus haute antiquité. Ils étaient connus du temps de Job; mais on ne sait pas comment ces machines étaient faites.

Les anciens séparaient avec soin les divers sucs qu'on peut extraire du raisin, et les faisaient fermenter séparément. Le premier qui coule par la plus légère pression, et qui provient du raisin le plus mûr, fournissait le meilleur de leurs vins, qu'ils appelaient *protopon*, c'est-à-dire moût qui coule de lui-même avant que les grappes soient pressées.

Les vins grecs étaient fort célèbres dans l'antiquité; les poëtes qui les ont chantés les estimaient les meilleurs de l'univers, surtout ceux des îles de Crète ou Candie, de Chypre, de Lesbos, de Chio. Horace parle souvent de ceux de Lesbos comme de vins bienfaisants et agréables. Mais Chio l'emportait sur tous les autres pays, et effaçait leur réputation. Tous ces vins de Grèce étaient si estimés et d'un si grand prix, qu'à Rome, jusqu'au temps de l'enfance de Lucullus, dans les meilleurs repas, on n'en buvait qu'un seul coup à la fin. Leur qualité dominante était la douceur et l'agrément.

Les Grecs avaient une manière de les faire qui leur était particulière. Après avoir coupé le raisin, ils l'exposaient au soleil pendant huit à dix jours; ensuite, ils le tenaient à peu près autant de temps à l'ombre, et enfin, ils le foulaient et l'entonnaient, non dans des tonneaux, puisque l'usage en était inconnu, mais dans de grandes cruches ou dans des outres de peau, où ils le conservaient pendant un grand nombre d'années.

Les Romains avaient des vins de plusieurs sortes, qu'ils tiraient des différents cantons d'Italie. Le seul territoire de Capoue fournissait les vins de Massique, de Formie, de Cécube et de Falerne, si vantés dans Horace. Les vins les plus vieux étaient les plus estimés; ils en conservaient jusqu'à cent ans. Ils avaient leur manière de faire le vin, différente de celle des Grecs. Les Romains foulaient le raisin aussitôt qu'il était coupé, et portaient tout de suite les grappes sur le pressoir pour en exprimer le reste de la liqueur; après quoi ils la pressaient à travers une toile fort claire pour l'épurer, et la renfermaient dans de grands vases de terre qu'ils faisaient venir de l'île de Samos, et qu'ils bouchaient avec de la poix, comme nous l'apprend Horace. Ils en remplissaient aussi des outres de bouc et d'autres peaux apprêtées, et avaient soin de marquer sur chaque vase l'année de la récolte par le consulat.

Sans nous arrêter à faire le dénombrement des vins modernes qui jouissent d'une grande célébrité, disons que les provinces septentrionales de l'Amérique sont très-riches en vignobles, et que l'on trouve des vignes sauvages dans toutes les forêts des Etats-Unis et du Canada, depuis les bords du Mississipi jusqu'aux rives du lac Erié. Le raisin de Médoc a été introduit avec succès à Philadelphie. La culture de la vigne a réussi à Mexico, et déjà le crû de *Passo del Norte* a acquis une sorte de célébrité dans le Nouveau-Monde. Enfin, dans les différentes zones de l'Amérique méridionale, la vigne a prospéré, malgré les prohibitions espagnoles.

Chez tous les peuples de l'antiquité, l'abstinence du vin était une des lois sévères que leur imposaient les plus sages législateurs. Suivant Xénophon, on n'en donnait pas aux jeunes Perses durant le temps qu'ils fréquentaient les écoles. Les Crétois l'interdisaient dans les mêmes circonstances. Au rapport de Pline, dans les premiers temps de la république romaine, toutes les dames devaient s'abstenir de vin. Les anciens, qui connaissaient si bien l'excellence du vin, n'en ignoraient pas les dangers. Chez les Locres, l'usage du vin, excepté le cas de maladie, était généralement interdit sous peine de mort. A Marseille et à Milet, on se contenta de l'interdire aux femmes; et à Rome, les jeunes gens de condition libre ne pouvaient boire de vin avant l'âge de trente ans. Les Anglais ne commencèrent à en faire usage que vers 1298.

Mais qu'est-ce que c'est que le vin? Pour répondre à cette question, il nous faut revenir à la *fermentation*. On en distingue plusieurs espèces : la fermentation *alcoolique* ou *vineuse*, dans laquelle un moût sucré devient spiritueux en laissant dégager de l'acide carbonique; la fermentation *acide*, où l'oxygène de l'air passe à l'état de gaz acide carbonique, en portant l'alcool d'une liqueur spiritueuse à celui du vinaigre; la fermentation *putride*, par laquelle un corps d'origine végétale ou animale, après avoir passé par diverses phases, se trouve transformé, en définitive, en eau et en acide carbonique; et si la matière est azotée, en plusieurs autres produits caractéristiques. La fermentation *panaire* n'est que la réunion des fermentations alcoolique et acide, et celle des fromages faits ne paraît être qu'une des phases de la fermentation putride.

Tous les jus extraits de fruits sucrés peuvent entrer directement en fermentation, puisqu'ils sont en présence de téguments végétaux; mais il faut le contact de l'air; car dans le vide la fermentation n'a pas lieu. On peut même arrêter la fermentation alcoolique en faisant intervenir un corps avide d'oxygène, tel que l'acide sulfureux.

Pendant longtemps on a cru que l'alcool ne pouvait être produit que par des liqueurs sucrées; mais on a vu ensuite que les matières féculacées et tous les ligneux peuvent éprouver la fermentation alcoolique, après avoir subi l'espèce de fermentation qui les transforme en sucre incristallisable. Ainsi, on cuira les pommes de terre, on les écrasera, on les délaiera dans l'eau, on y ajoutera le ferment, on chauffera deux heures à 60 degrés. Pour éviter la conversion de l'alcool en acide, on suspend dans la liqueur un panier contenant du carbonate de chaux, qui s'empare de l'acide acétique au fur et à mesure qu'il se produit, et l'empêche de réagir sur l'alcool.

Le vin se fabrique en soumettant le jus de raisin à la fermentation; il faut qu'elle soit rapide et se fasse à une température de 15 à 18 degrés, pour éviter la formation d'une trop grande quantité d'acide acétique. On peut ajouter du sucre au raisin, lorsque celui-ci n'en a pas assez. Il faut, au contraire, ajouter de l'eau aux vins du Midi, qui possèdent trop de sucre, parce que sa présence empêcherait la formation de l'alcool. Lorsque le vin renferme peu d'alcool, il se détériore promptement; il importe alors d'y conserver le principe astringent de la râpe, qu'on a coutume d'enlever pour que le vin puisse se faire tout de suite.

On produit des vins doux en réduisant la liqueur par la chaleur, en empêchant ainsi la formation de l'alcool.

Les vins mousseux doivent cette propriété à l'acide

carbonique qu'ils contiennent forcément quand on les introduit dans des bouteilles fermées, avant la fin de la fermentation.

L'amélioration du vin par l'ancienneté provient sans doute de la précipitation des matières étrangères que l'eau et l'alcool tiennent en dissolution. Les vins les plus forts contiennent jusqu'à 17 pour 100 d'alcool; les vins faibles tombent jusqu'à 8 et même 6 pour 100.

Outre la bière et le cidre, on a trouvé le moyen de fabriquer, avec l'arome des plantes, une quantité innombrable de liqueurs plus ou moins pernicieuses; et la science gastronomique est montée aujourd'hui à la hauteur d'un problème social.

IX.

Habillements et Tissus.

Dans les premiers siècles, on ignorait l'art de donner aux habits des façons et des grâces. On prenait un morceau d'étoffe plus long que large, et l'on s'en couvrait, ou, pour mieux dire, on s'en enveloppait; car originairement on ne se servait point d'attaches pour retenir les habits. Ils n'étaient contenus que par les différents tours que l'on faisait faire à l'étoffe sur le corps. Plusieurs peuples encore aujourd'hui ne s'habillent pas autrement. Successivement on imagina des manières de se vêtir plus commodes et plus propres à couvrir le corps. Il paraît que l'habillement des patriarches consistait dans une tunique à manches larges, sans plis, et dans une espèce de manteau fait d'une seule pièce. La tunique couvrait immédiatement la chair. Le manteau se mettait par-dessus la tunique, et s'attachait probablement avec une agrafe.

L'habillement des Egyptiens était fort simple. Les hommes portaient une tunique de lin bordée d'une frange qui leur venait jusqu'aux genoux. Ils avaient par-dessus une espèce de manteau fait de laine blanche. Les personnes de distinction portaient des habits de coton, et, en outre, des colliers précieux. Pharaon fit revêtir Joseph d'une robe de coton, et lui mit au cou un collier d'or. Les femmes n'avaient qu'une espèce d'habillement, dont les anciens ne nous ont pas laissé la description. Hérodote dit qu'il y en avait de deux sortes pour les hommes, mais ne marque point quelle était la différence de ces vêtements. Nous voyons, au surplus, que cette méthode devait être fort ancienne en Egypte. Moïse dit que Joseph fit présent de deux habits à chacun de ses frères.

Dans les temps héroïques, l'habillement des Grecs, au rapport de Goguet, consistait, pour les hommes, dans une tunique très-longue, et dans un manteau qui s'attachait avec une agrafe. On retroussait la tunique par le moyen d'une ceinture, lorsqu'il fallait agir, se mettre en route ou aller au combat.

Les femmes grecques, dans ces temps reculés, avaient de longues robes attachées et renouées par des agrafes, qui étaient d'or chez les personnes aisées et de distinction. Homère ne dit pas en quoi pouvaient consister l'espèce et la beauté de ces vêtements. A l'égard des autres parures, les femmes grecques, dès les siècles héroïques, portaient des colliers d'or, des bracelets de même métal garnis d'ambre, et des pendants d'oreilles à trois pendeloques. Ajoutons qu'elles usaient dès lors de quelque fard pour embellir et nettoyer leur teint. On voit, au surplus, que les femmes distinguées ne paraissaient en public que couvertes d'un voile, ou, pour mieux dire, d'une espèce de mante qui se mettait pardessus la robe et s'attachait avec une agrafe.

Quant aux différentes espèces et formes des habits des femmes chez les anciens, il faut, dit Winckelmann (*Histoire de l'art de l'antiquité*), y remarquer trois pièces : la *tunique*, la *robe* et le *manteau*.

La tunique, qui tenait lieu de chemise, se voit à plusieurs figures déshabillées ou endormies; elle était de lin ou d'une étoffe légère, sans manches, et attachée avec un bouton sur les épaules, de sorte qu'elle couvrait toute la poitrine, à moins qu'on ne la détachât de dessus les épaules.

La robe des femmes ne consistait ordinairement qu'en deux longues pièces de drap, sans coupe et sans forme, cousues seulement dans leur longueur, et attachées sur les épaules par un ou plusieurs boutons. On substitua quelquefois au bouton une agrafe pointue. Les femmes portaient encore des robes avec des manches étroites et cousues qui venaient jusqu'au poignet. Les filles aussi bien que les femmes attachaient leur robe sous le sein, comme cela se pratique encore dans quelques endroits de la Grèce. Le ruban ou la ceinture servait à soutenir ainsi la robe.

La troisième pièce de l'habillement des femmes était le manteau, nommé par les Grecs *péplon*. C'était un drap coupé en rond, de la même façon que sont nos manteaux.

Comme l'habillement des Romains, ajoute Winckelmann, en parlant de l'habillement des figures d'hommes, ne diffère guère de celui des Grecs, je rapporterai ici l'essentiel de l'un et de l'autre.

Quant aux vêtements du corps, il paraît que la tunique a été un des plus nécessaires. Cependant elle ne fut pas généralement reçue, et quelques peuples de l'antiquité la regardèrent comme une mode efféminée. Les Romains des premiers temps ne portaient sur la peau que leur toge. Mais en général la tunique devint ensuite l'habillement des Romains, comme celui des Grecs, à l'exception des philosophes cyniques. La tunique proprement dite est composée de deux pièces d'étoffe longues et carrées. Elles sont cousues des deux côtés, comme on le voit à la statue d'un prêtre de Cybèle, dans le cabinet de M. Browne, à Londres, où l'on remarque jusqu'à la couture. Cette tunique a une ouverture pour y passer le bras; la partie qui descend jusqu'à la moitié supérieure du bras forme une sorte de manche raccourcie. Cependant on portait aussi une espèce de tunique avec des manches qui n'excédaient pas de beaucoup les épaules, manches qu'on nommait *colobia*, raccourcies. Je ne répéterai pas ici ce que j'ai dit plus haut à l'article des tuniques des femmes, qui eurent longtemps ce vêtement de commun avec les hommes. Ce qu'il y a de certain, c'est que dans les temps anciens la tunique des Romains n'avait point de manches.

Au lieu de chausses, les Romains se servaient de bandes, avec quoi ils s'enveloppaient les cuisses; mais ceux qui en portaient passaient pour des efféminés, et Cicéron relève cet habillement dans Pompée comme un trait de mollesse.

Les Grecs portaient leur manteau, et les Romains leur toge, sur la tunique. Quant aux manteaux, il y en avait de deux espèces : le manteau court, connu sous ces trois dénominations, de *chlamyde*, de *chlaina* et de *paludamentum* chez les Romains, outre le manteau long ordinaire.

Au rapport de Strabon, la chlamyde était plus ovale que ronde; c'était en général un vêtement de gens de guerre. Elle couvrait l'épaule gauche, et, pour n'être pas embarrassante en marchant, elle était courte et s'attachait sur l'épaule gauche. Chez les Athéniens, la chlamyde était aussi un vêtement des jeunes gens, c'est-à-dire de ceux qui, depuis dix-huit jusqu'à vingt ans, étaient préposés à la garde de la ville, et qui se préparaient par conséquent à la guerre.

Je distinguerai de ce vêtement un autre manteau court nommé *chlaina*, qui ne s'attachait pas sur l'épaule comme la chlamyde ; on le portait sur les épaules, à peu près comme le peuple, dans les pays chauds, a coutume de porter l'habillement des enfants de Clovis, et pendant plusieurs siècles, celui des personnes de distinction en France. L'habit court ne se portait qu'à l'armée et à la campagne. L'ornement principal de l'un et de l'autre consistait à être bordé de martre zibeline ou d'hermine.

Dans le xiie siècle et les trois suivants, les Français étaient habillés d'une espèce de soutane qui leur descendait jusqu'aux pieds. Les nobles imaginèrent qu'en y faisant faire une longue queue, ils auraient un prétexte pour avoir un homme pour la porter, et que l'avilissement de cet homme donnerait du relief au maître. Il n'y avait que les chevaliers qui eussent le droit de porter sur la soutane un manteau ou casaque, dont les manches très-larges se rattachaient par devant sur le pli du bras, et pendaient par derrière jusqu'aux genoux. On ne portait point d'épée ; une longue bourse pendante à la ceinture était une marque de noblesse. Un chaperon, espèce de capuchon qui avait un bourrelet au haut et une queue pendante par derrière, servait à couvrir la tête. Il était ordinairement de la même étoffe que le manteau ou la soutane, et fourré de même peau. Ce chaperon est devenu l'épitoge des présidents à mortier, l'aumuce des chanoines, et la chausse que l'on voit aux avocats, docteurs et professeurs de l'Université. Ainsi, les présidents à mortier portaient leur ancien bonnet autour du cou; les chanoines le portent encore sur le bras, et les docteurs l'ont sur l'épaule.

Sous Philippe de Valois, la mode vint de porter une longue barbe et l'habit court; c'était une espèce de pourpoint qui ne passait pas la ceinture du haut-de-chausses, et qui était fort étroit. Des plumes énormes chargeaient la tête des chevaliers et des petits-maîtres, et des chaînes d'or ornaient leur cou.

Sous le règne de Charles V, on ne connaissait ni fraise ni collet; mais on s'avisa d'armorier les habits. Cette mode bizarre dura près de cent ans.

Sous Charles VI, on imagina l'habit mi-partie, semblable à celui des bedeaux.

Charles VII, qui n'était pas d'une taille avantageuse, et qui avait les jambes fort courtes, fit revivre les habits longs, à peu près pareils à ceux dont on se servait avant Philippe de Valois.

Dans les premières années du règne de Louis XI, la forme d'habillement des deux sexes fut entièrement changée. Les robes d'hommes furent remplacées par de petits pourpoints qui n'excédaient pas le haut des reins. Ces espèces de camisoles étaient attachées par des aiguillettes et des hauts-de-chausses extrêmement serrés. Les hommes, pour paraître larges de poitrine, s'appliquaient de chaque côté des épaules artificielles appelées *mahoîtres*. Joignons à cet équipage burlesque des cheveux longs et touffus sur le front, des manches déchiquetées, un petit chapeau pointu, et des souliers armés de pointes de fer d'un demi-mètre ; car les souliers à la poulaine étaient revenus à la mode : tel était l'ajustement d'un petit-maître au xvᵉ siècle.

Les dames françaises avaient, ce semble, pendant près de neuf siècles, entièrement négligé leur parure ; leurs robes, armoriées à droite de l'écu de leur mari, à gauche de celui de leur famille, étaient si serrées, qu'elles laissaient voir toute la finesse de leur taille, et étaient si haut montées, qu'elles leur couvraient entièrement la gorge. L'habillement des veuves avait beaucoup de ressemblance avec celui de nos religieuses. Ce ne fut que sous Charles VI que les femmes commencèrent à se découvrir les épaules et la poitrine. Le règne de Charles VII amena l'usage des bracelets, des colliers, des diamants et des pendants d'oreilles. Sous le règne de Louis XI, les femmes, qui avaient porté sous Charles VI les robes d'une longueur démesurée, retranchèrent leurs énormes queues, ainsi que leurs manches qui rasaient la terre. A ces superfluités ridicules elles substituèrent de larges bordures qui ne l'étaient pas moins.

Sous Charles VI, elles étaient coiffées d'un haut bonnet en pain de sucre, à la pointe duquel elles attachaient un voile plus ou moins bas, selon la qualité de la personne Le voile d'une bourgeoise ne descendait que jusqu'aux épaules; celui de la femme d'un chevalier tombait jusqu'à terre. Sous Charles VII et sous Louis XI, leurs têtes se perdirent sous de vastes bonnets : il avait

Une noble dame en 1565.

été nécessaire de rehausser les portes pour les coiffures des dames sous Charles VI, et il fallut les élargir lorsqu'elles se coiffèrent avec ces espèces de matelas de tête,

de deux mètres de large, surchargés d'oreilles rembour-
rées.

Sous les règnes de François Ier et de Henri II, elles
avaient de petits chapeaux avec une plume. Depuis
Henri II jusqu'à la fin du règne de Henri IV, elles portèrent de petits bonnets avec une aigrette.

Les hommes, qui avaient quitté l'habit long sous
Louis XI, le reprirent sous Louis XII; mais ils ne le
gardèrent pas longtemps. François Ier donna dans l'ex-
trémité la plus opposée. Un des goûts de ce prince fut
de taillader son pourpoint, et tous les gentilshommes
suivirent son exemple. Des tapisseries de ce temps-là
représentent ce prince et ses courtisans vêtus comme des
pantalons, c'est-à-dire d'un pourpoint à petites basques
et d'un caleçon tout d'une pièce avec les bas. Sous les
règnes de Henri II, de François II, de Charles IX, de
Henri III et de Henri IV, on était vêtu précisément
comme l'étaient nos coureurs avant la Révolution, d'autant plus qu'on portait de petites toques, sur le retroussis
desquelles on faisait broder ses armoiries. A l'armée on
enfonçait ces toques dans la tête; à la cour et à la ville,
on les mettait sur l'oreille gauche, à laquelle on attachait une perle en poire. On ajoutait à cet accoutrement
un petit manteau qui couvrait les épaules.

Sous François II, les femmes prirent un loup (espèce
de masque), et n'allèrent plus que masquées dans les
rues, aux promenades, en visite et même à l'église. Au

loup succéda une autre espèce de masque, le rouge et les mouches; on prétend qu'elles en mettaient en si grande quantité, qu'on avait de la peine à les reconnaître.

Les habillements étaient fort élégants du temps de Henri IV. Les hommes portaient des fraises autour du cou. Les manches de leurs habits étaient déchiquetées et nouées avec des rubans, les manchettes étaient de plusieurs rangs. Les dames avaient de gros colliers de perles ou de pierreries, et des fraises soutenues de fil de laiton, qui avaient un pied de haut; leurs cheveux étaient frisés et ornés de fleurs et de pierreries avec un panache blanc.

Sous Louis XIII, on s'occupa moins de parures et de modes, et les habits, tant d'hommes que de femmes, éprouvèrent peu de changement.

La casaque parut sous Louis XIV. Ce vêtement, dont on fait remonter l'origine à l'empereur Caracalla, qui, dit-on, en revêtit ses soldats, n'était autre chose qu'un ample manteau avec de grandes manches On en diminua l'ampleur et on en rétrécit les manches. De sorte qu'il serra le corps et laissa paraître toute la forme de la taille, ce qui lui fit donner le nom de *justaucorps*. Dans la suite, on fit des plis sur les côtés, on le garnit de boutons, et il forma l'habit, tel que nous le portons aujourd'hui.

Sous Louis XV, nos habillements changèrent si souvent, qu'il faudrait un volume entier pour les décrire. On vit successivement la taille de l'habit se raccourcir, puis s'allonger considérablement; les poches furent placées tantôt en travers, tantôt en long; les manches furent ouvertes et pendantes, puis fermées et arrondies. Les boutons, variés à l'infini, formèrent une branche de commerce, d'abord en France, et puis en Angleterre; les premiers étaient de poil de chèvre ou de soie. On en fit ensuite de différents métaux. Les cravates, qui avaient succédé aux fraises, furent remplacées par des cols de mousseline, bien plissés et serrés. Les grandes manches furent diminuées, et on laissa paraître à la poitrine un morceau de dentelle ou de mousseline brodée, qu'on appela *jabot*.

Depuis Louis XVI jusqu'à nos jours, l'inconstance des modes se fit souvent apercevoir dans nos habillements. Les collets des habits ont été considérablement exhaussés, la forme des chapeaux a été élevée; nous avons vu les cravates faire oublier les cols, et les pantalons remplacer les culottes.

Nous avons dit ailleurs que les peaux des animaux, les écorces, les feuilles d'arbres, ont été les premiers vêtements dont les hommes se couvrirent; il s'ensuit que les fourrures ont dû être de tout temps en usage, surtout chez les peuples du Nord, qui avaient à se garantir de la rigueur du froid. Mais ce qui n'était d'abord qu'un objet d'utilité devint par la suite un objet de luxe. Le prix considérable qu'on met à la dépouille des animaux, surtout dans les pays froids, est toujours relatif à la beauté réelle de la fourrure, et à la difficulté de se la procurer. Or, cette beauté consiste dans la longueur du poil de l'animal, sa douceur, son épaisseur et sa couleur. Ces différentes qualités se trouvent généralement réunies dans les poils du dos; ceux du ventre sont, par conséquent, peu recherchés. Mais venons aux tissus.

Il y avait au commencement du dernier siècle un marchand de soie établi à Lyon, nommé Octavio Mai, homme intelligent et attaché à son commerce. Une succession d'événements malheureux le mit dans la position la plus inquiétante, d'autant plus qu'il connaissait le danger d'une indiscrétion qui n'eût fait que consommer sa ruine. Un jour que, seul dans sa boutique, il s'occupait tristement des suites du discrédit dans lequel il allait tomber, et que, sans y penser, il retournait entre ses dents une petite touffe de soie écrue, que le hasard lui avait fait trouver sous sa main, et qu'enfin il avait crachée assez près de lui, il fut surpris d'y remarquer une espèce de lustre extraordinaire, qui le frappa au point de le tirer de sa rêverie. Il la ramassa, l'examina, et, se rappelant les circonstances qui avaient pu produire les progrès de cette étonnante opération, c'est-à-dire de l'avoir macérée dans ses dents, à travers une liqueur visqueuse, telle que la salive, et dans une place modérément chaude, telle que la bouche, il ne tarda pas à soupçonner d'où avait pu naître ce changement inattendu. L'habile négociant saisit à l'instant cette idée, se met à l'œuvre, et, en partant des données de la nature, produit bientôt ces *taffetas* brillants et lustrés qui, depuis, ont rendu les manufactures de Lyon si célèbres, et au moyen desquels il acquit personnellement une immense fortune.

La soie, ouvrage d'une espèce de chenille qu'on nomme *ver à soie*, est venue d'abord de la *Sérique*, pays des anciens Saeques, que Ptolémée a placé à l'orient de la Scythie, et auquel il a donné l'Inde pour limite du côté du midi. Le ver à soie est originaire de ce pays, dont, au temps d'Auguste, les Romains et les Grecs, suivant d'Hancarville, ne connaissaient que le nom. Ils ne connaissaient pas davantage, ajoute cet auteur, la manière de recueillir la soie, puisqu'ils croyaient qu'on la tirait de l'écorce de certains arbres, comme le coton et le byssus se recueillent sur des arbustes. On n'en savait guère plus sous le règne de Titus, à qui Pline dédia son histoire; car cet auteur écrit que la soie croissait sur des feuilles dont on ôtait le duvet au moyen de l'eau. J'ai vu beaucoup de médailles de Vespasien et de Titus apportées de l'Inde, où l'on m'a assuré que l'on en trouve très-fréquemment. Ce fait prouve qu'au temps de ces princes les Romains avaient un commerce ouvert avec l'Inde, où ils portaient leur argent; il montre à la fois que la soie qu'ils en pouvaient tirer y venait d'ailleurs, et, comme ils le disent eux-mêmes, de la Sérique; car, si on l'eût recueillie dans ce pays ou dans la Perse, qu'ils connaissaient également, ni Strabon, ni Pline n'eussent

Le ver à soie.

dit qu'on la tirait de l'écorce ou du duvet des arbres; et l'on peut dire que, dans le premier siècle de notre ère, la culture du ver à soie était entièrement inconnue à l'Inde, à la Perse, à toutes les îles de la mer Rouge, et qu'enfin tous les peuples avec qui les Romains et les Grecs furent en liaison ignorèrent la manière dont les Sères recueillaient la soie qu'on allait chercher chez eux.

Les livres que nous avons de Pausanias ne furent finis que vers l'an 193 de notre ère. On savait alors que la soie était travaillée par un insecte, mais on le connaissait si peu, qu'on le prenait pour une sorte d'araignée appelée *sères*. On la nourrissait, disait-on, pendant quatre ans, et dans la cinquième année on lui donnait à manger du roseau vert ; après sa mort, on tirait de son corps quantité de filets de soie. Ce discours montre que les gens de qui Pausanias prit ces notions n'étaient guère bien instruits de la manière dont la soie se produisait ; ils savaient cependant que la soie est produite par un insecte, et non par un arbre ; ils n'ignoraient pas que cet insecte se trouvait dans le pays des Sères, et que ces Sères, ainsi que leurs voisins, étaient des Scythes.

Les anciens ne connaissaient ni les usages de la soie ni la manière de la travailler. Pamphylie, habitante de l'île de Cos, fut la première, suivant Aristote et Pline, qui inventa l'art de la façonner. Cette découverte passa bientôt chez les Romains, qui n'en retirèrent des avantages certains que bien longtemps après. Cette précieuse production, qui pendant plus de deux cent cinquante ans fut vendue à Rome au poids de l'or, y était réservée aux vêtements des femmes ; mais plus tard, et après que le dissolu Héliogabale en eut donné l'exemple, les hommes se permirent de porter des étoffes de soie. Ce ne fut qu'à la suite d'un événement arrivé au vi° siècle de l'ère chrétienne que la véritable nature de la soie fut connue en Europe. Voici comme cet événement est rapporté dans le *Dictionnaire universel de la Géographie commerçante*, par **J.** Peuchet, Introduction :

« L'empereur Justinien, désirant affranchir le commerce de ses sujets des exactions des Perses, s'efforça, par le moyen de son allié, le roi chrétien d'Abyssinie, d'enlever aux Perses une partie du commerce de la soie. Il ne réussit pas dans cette entreprise; mais, au moment où il s'y attendait le moins, un événement imprévu lui procura jusqu'à un certain point la satisfaction qu'il désirait. Deux moines perses, ayant été employés en qualité de missionnaires dans quelques-unes des églises chrétiennes qui, comme le dit Cosmas, étaient établies en différents endroits de l'Inde, s'étaient ouvert un chemin dans le pays des Sères ou la Chine. Là, ils observèrent les travaux du ver à soie, et s'instruisirent de tous les procédés par lesquels on parvenait à faire de ses productions cette quantité d'étoffes dont on admirait la beauté. La perspective du gain, ou peut-être une sainte indignation de voir des nation infidèles seules en possession d'une branche de commerce aussi lucrative, leur fit prendre sur-le-champ la route de Constantinople. Là, ils expliquèrent à l'empereur l'origine de la soie, et les différentes manières de la manufacturer et de la préparer.

Encouragés par ses promesses libérales, ils se chargèrent d'apporter dans la capitale un nombre suffisant de ces étonnants insectes aux travaux desquels l'homme est si redevable. En conséquence, ils remplirent de leurs œufs des cannes creusées en dedans; on les fit éclore dans la chaleur d'un fumier; on les nourrit des feuilles d'un mûrier sauvage, et ils multiplièrent et travaillèrent comme dans les climats où ils avaient attiré pour la première fois l'attention et les soins de l'homme.

« On éleva bientôt un grand nombre de ces insectes dans les différentes parties de la Grèce, et surtout dans le Péloponèse. Dans la suite (en 1130), et avec le même succès, la Sicile essaya d'élever des vers à soie, et fut imitée, de loin en loin, par les différentes villes d'Italie. Il s'établit dans tous ces endroits des manufactures considérables, dont les ouvrages se faisaient avec la nouvelle soie du pays. On ne tira plus de l'Orient la même quantité de soie ; les sujets des empereurs grecs ne furent pas obligés d'avoir recours aux Perses pour s'approvisionner, et il se fit un changement considérable dans la nature des rapports commerciaux de l'Europe et de l'Inde. »

Les Siciliens portèrent donc l'art de fabriquer la soie dans l'Italie et dans l'Espagne, d'où il se communiqua dans les provinces méridionales de la France, telles que le Languedoc, la Provence et le comtat d'Avignon. Louis XI, en 1470, établit à Tours des manufactures de soieries; mais les ouvriers appelés dans ces manufactures venaient de Gênes, de Venise, de Florence, et même de la Grèce. Néanmoins ce ne fut que longtemps après que ces ouvrages devinrent communs parmi les Français; car le roi Henri II fut le premier qui porta des bas de soie aux noces de sa sœur, en 1559.

Henri IV établit des manufactures de soie à Paris, au château des Tuileries, et à celui de Madrid. C'est encore à ce prince que la ville de Lyon doit l'établissement de ses manufactures de soie. Il traita avec des entrepreneurs pour élever les vers à soie dont chaque année on allait chercher les œufs en Espagne. Il fit planter une grande quantité de mûriers blancs, et élever des pépinières dans les paroisses circonvoisines. Dès l'an 1599, il avait défendu l'introduction des étoffes de soie venant de l'étranger, à la sollicitation des marchands, qui se flattaient déjà d'en fabriquer assez pour le royaume; mais il révoqua cet édit sur les remontrances de ceux de Lyon.

Octavio Ney, négociant de Lyon, trouva, vers le milieu du xviie siècle, la manière de donner du lustre aux soies, ce qu'on appelle leur *donner l'eau*. En 1717, le sieur Jurines, maître passementier de la même ville, inventa un métier très-commode pour la fabrique des étoffes; et, vers l'année 1738, M. Falcon imagina une mécanique fort ingénieuse pour le métier pénible des tireuses de cordes.

Nous n'élevions autrefois que le ver qui produit la soie

jaune ordinaire, laquelle ne peut servir aux tissus blancs qu'après avoir subi des opérations qui en diminuent la force et la durée. Ces procédés, perfectionnés en 1809 par un de nos manufacturiers les plus savants en chimie, M. Roard, ne peuvent empêcher un déchet qui dépasse encore 25 pour 100. Enfin, le blanc qu'on obtient s'altère à la longue; il reprend, avec les années, une teinte jaunâtre.

On trouve à la Chine un ver qui donne de la soie d'un blanc parfait, et qu'en raison de son origine on nomme soie *sina*. Sa force et sa blancheur la rendent surtout précieuse pour la fabrication des crêpes et des tulles. L'éducation du ver qui produit cette espèce de soie fut introduite en France il y a plus de cent ans. Depuis cette époque, on l'avait presque entièrement abandonnée; elle fut reprise en 1808 par les soins du gouvernement, et d'après les conseils éclairés du comité consultatif des arts et manufactures. Aussitôt la Société d'encouragement, qui saisit avec un zèle généreux toutes les occasions de servir l'industrie nationale, offrit un prix de 2,000 fr. au propriétaire qui, dans un temps déterminé, aurait entrepris avec le plus d'étendue l'éducation du ver à soie *sina*. Ces soins ont prospéré; la culture de cette précieuse chrysalide s'étend de plus en plus; elle donne des fils dont les prix sont plus élevés que ceux de la soie jaune ordinaire, et que néanmoins le commerce recherche avec avidité.

Le travail de la soie est une des branches les plus im-

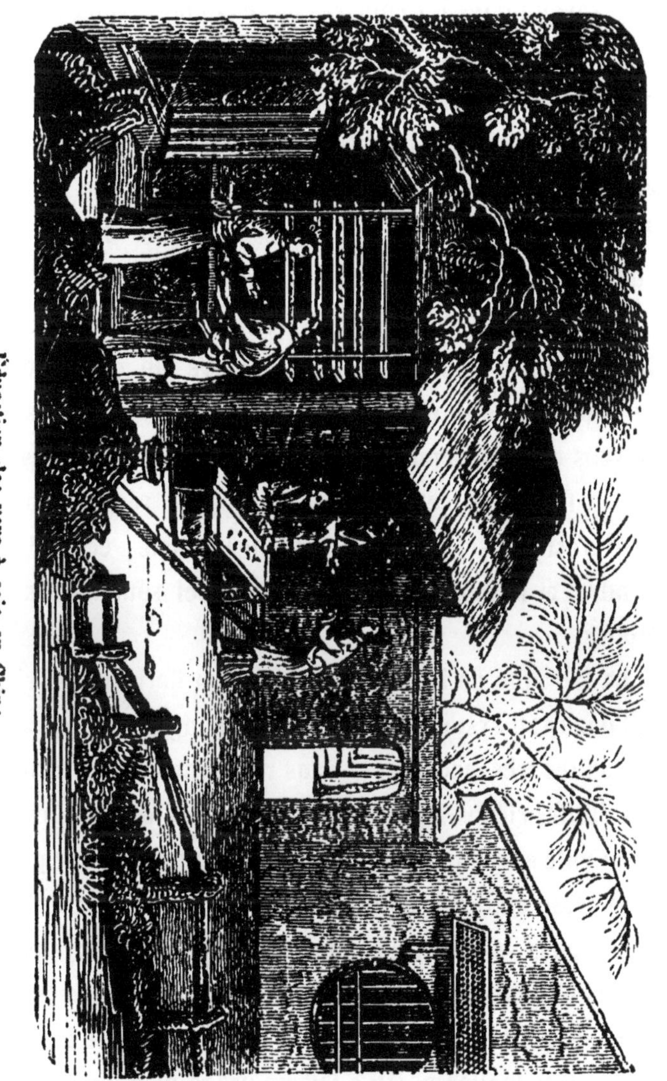

dortantes de notre industrie, par le commerce lucratif
auquel il donne lieu, l'occupation qu'il fournit à une

classe nombreuse d'ouvriers, et surtout par l'abondance qu'il répand dans les contrées où le climat permet la culture du mûrier et l'éducation des vers à soie. Parmi les manufactures de soie les plus remarquables, tant par la qualité que par la quantité des produits, Lyon occupe, sans contredit, le premier rang; et le degré de perfection auquel nous avons su amener ce genre de fabrication a rendu, pour cet objet, toutes les nations de l'Europe, et même les Orientaux, tributaires de notre industrie. Nulle part ailleurs on ne trouve un grand corps de fabriques qui réunissent un aussi bel ensemble de moyens divers. Depuis 1808, la fabrication des étoffes de soie a fait dans cette ville des progrès remarquables. Tout s'est perfectionné : l'art de filer la soie, celui de la teindre, et le mécanisme à l'aide duquel sont tissées les étoffes.

La fabrique de Lyon est dans un état florissant; il s'est fait dans son système de travail un changement qui a eu des suites très-heureuses. Sans renoncer à la fabrication des étoffes riches brochées et façonnées, qui ont rendu cette ville si célèbre dans le monde commerçant, le génie sans cesse actif des Lyonnais a su créer des genres nouveaux pour se conformer aux désirs et aux moyens de toutes les classes de consommateurs : ce sont des étoffes dites de goût et de fantaisie. On a mêlé à la soie le coton et d'autres matières. On a fait un usage heureux des ressources que présentait une ville aussi industrieuse pour embellir ces étoffes de tous les agréments du tissage, du dessin et de la couleur.

« Le tissage des soieries, dit M. Ch. Dupin (*Progrès*

Le métier Jacquard.

de l'Industrie française), a dû des perfectionnements re-marquables aux nouvelles machines. Les anciennes avaient d'abord l'inconvénient d'une grande complication; elles étaient embarrassées par une multitude de cordes et de pédales ; leur mise en action nécessitait le concours de plusieurs individus ; c'étaient ordinairement des enfants et de jeunes filles qui faisaient ce travail, et où ils contractaient souvent des infirmités mortelles. Aujourd'hui tous ces inconvénients ont disparu. Avec le métier qu'on appelle *à la jacquard*, du nom de son inventeur, on exécute les tissus façonnés, quelle que soit leur complication, par le secours d'un seul ouvrier. »

L'art du tisserand, qui, depuis le commencement du siècle, a fait des progrès étonnants, paraît avoir été connu chez nous à une époque très-reculée.

Nous lisons dans le *Dictionnaire des découvertes*, qu'on a trouvé dans les tombeaux du xe siècle découverts dans les fouilles faites à Saint-Germain des Prés, des étoffes anciennes qui consistent : en coupons de taffetas, à tissus serrés et à tissus lâches ; en galons de différentes largeurs et compositions ; en échantillons d'une étoffe à *dessins scutulés*, et avec laquelle on avait taillé des étoles, des franges et des guêtres ; en échantillons d'une autre étoffe taillée en forme de mitre ; en étoffes gaufrées par deux systèmes ; enfin en rubans à tissus lâches, drap, étoffe de laine et calemandes moirées. Tous ces tissus ont été exécutés par des procédés analogues à ceux qui sont employés de nos jours.

X.

Grandes Inventions et Découvertes.

L'homme ne crée point ; il trouve, il découvre. Toutes les richesses de la nature ont été mises à sa disposition ; il est chargé d'en reconnaître les propriétés et les rapports pour les accommoder à son usage.

Rigoureusement parlant, *découvrir* et *inventer* ne signifient pas la même chose : ce qu'on découvre existait déjà ; on découvre une île, une planète, une carrière de marbre ; tandis qu'une invention est presque toujours le résultat d'une combinaison d'éléments matériels qui se trouvent épars dans la nature, et qu'on réunit d'une manière quelconque pour en obtenir un certain effet : ainsi, c'est en mêlant ensemble du nitre, du soufre et du charbon qu'on a *inventé* la poudre à canon.

Archimède (3ᵉ s. av. J.-C.), célèbre géomètre de Syracuse, découvrit la loi de l'équilibre des corps flottants et
fit connaître le premier le rapport de la circonférence au
diamètre, avec lequel on fait de si beaux calculs. Le
moufle, la vis sans fin, la vis creuse dans laquelle l'eau
monte par son propre poids, la poulie et le cric, sont dus
à son génie. Le miroir ardent était connu avant lui, mais
il en développa la puissance, jusqu'à incendier la flotte
des Romains au milieu du port de Syracuse.

Christophe Colomb, livré de bonne heure à des
études sérieuses, se convainquit par ses calculs qu'un
continent devait exister au delà de l'Asie, en opposition à
l'hémisphère connu ; et après bien des déceptions, ayant
obtenu trois vaisseaux de la reine Isabelle, il découvrit
le Nouveau-Monde le 3 août 1492.

Copernic (1473) expliqua le premier notre système pla-
nétaire, que d'autres découvertes ont confirmé depuis :
« Le soleil est au centre ; les planètes décrivent autour
de lui des orbites plus ou moins étendues, selon leurs
distances relatives. La terre est l'une de ces planètes ;
elle a deux mouvements de rotation, l'un diurne, l'autre
annuel ; enfin l'inclinaison de la terre sur l'écliptique est
la raison du retour périodique des saisons. »

A l'aide d'un télescope, Galilée (1590), portant aux cieux
son regard pénétrant, démontra que la terre tourne et
confirma ainsi la théorie de Copernic. Il a découvert les
lois de la pesanteur, inventé le pendule, la balance

hydrostatique, le compas de proportion et le microscope.

Arkwright, né en Angleterre (1732), qui fut perruquier jusqu'à trente-quatre ans, chercha avec persévérance l'invention d'une machine à *filer le coton*. Son ignorance du dessin et de la mécanique fut longtemps un obstacle ; l'idée avait germé dans son cerveau, mais il ne pouvait l'exprimer avec lucidité. Cependant, à force de constance et de ténacité, il parvint, non sans de longues démarches, à trouver des capitaux, et à établir la *filature à cylindre* dite continue.

Berthollet, né en Savoie (1748), découvrit les propriétés décolorantes du chlore, et les appliqua à l'art de la teinture. Jusqu'à la fin du xviiie siècle, on dépensait des sommes énormes pour le blanchiment des toiles, opération indispensable qui précède la coloration des tissus. Cette heureuse découverte dota donc l'industrie d'une source inépuisable de revenus. Guidé par la généreuse pensée d'en faire profiter tous les fabricants, Berthollet refusa l'or des Anglais, qui l'appelaient dans leur pays, et ne voulut point exploiter son procédé dans le but d'un lucre personnel.

Chaptal, de Nogaret (Lozère), né en 1756, composa le premier l'alun artificiel, donna des principes faciles et sûrs pour la fabrication de l'acide sulfurique, et découvrit le procédé au moyen duquel on teint le coton en rouge d'Andrinople. Sous la première république, il dirigea avec Monge et Berthollet les grands travaux d'armement en poudre et projectiles de guerre que réclama le salut de la patrie.

Davy, Anglais, né en 1778, a découvert la nature réelle et essentielle du chlore, le sodium, le potassium et le protoxyde d'azote; mais il doit surtout sa réputation européenne à l'invention de la *lampe de sûreté*, espèce de lanterne, grâce à laquelle des milliers de mineurs échappent à la mort dont ils sont souvent menacés par l'explosion du gaz hydrogène carboné qui se dégage dans les houillères.

L'abbé de l'Epée, né à Versailles en 1712, recueillit les signes connus à l'aide desquels on avait essayé de donner aux sourds-muets quelques éléments d'instruction, en ajouta de nouveaux, établit entre eux des rapports simples et réguliers; en un mot, il fonda, sur des bases solides, l'art de comprendre et d'être compris dont les sourds-muets étaient dépourvus, et répara ainsi une erreur de la nature.

Franklin, né à Boston (1706), fonda la première bibliothèque publique aux Etats-Unis, contribua puissamment à l'indépendance de sa patrie, fit adopter un grand nombre de mesures utiles, dévoila les mystères de la foudre et fut l'inventeur du paratonnerre.

Fulton, né en Irlande en 1766, après avoir présenté au gouvernement anglais un moulin de son invention pour scier et polir le marbre, ainsi que des machines pour filer le chanvre et faire des cordages, prit quatre brevets d'invention dont il ne put tirer aucun parti. Etant venu à Paris en 1796, il y construisit un bateau à vapeur dont il fit l'essai sur la Seine, avec assez de succès. C'était le germe du grand projet qu'il réalisa plus tard. Napoléon ayant confié à l'examen d'une commission les projets présentés par Fulton, la réalisation en fut regardée comme impossible. Fulton se rendit alors en Amérique, où il construisit un autre bateau à vapeur, dont l'essai sur l'Hudson fut des plus complets. La cause de la vapeur appliquée à la navigation était gagnée.

On doit à Galvani la découverte des principes d'électricité animale, appelée de son nom *galvanisme*; à Gay-Lussac, la loi de la dilatation des gaz ; à Girard, la meilleure machine à filer le lin ; à Gobelin, le secret de la teinture écarlate, origine de la fameuse manufacture des Gobelins ; à Gutenberg, l'invention des caractères mobiles en fonte, heureuse conception qui devait fournir à la pensée un redoutable auxiliaire; à Valentin Hauy, l'invention des signes en relief, au moyen desquels il enseignait aux jeunes aveugles la lecture, le calcul, la musique ; à Jacquard, l'invention du métier à tisser ; à Jenner, la découverte de la vaccine; à Laurent de Jussieu, la méthode de classification naturelle du règne végétal ; à Néper, l'invention des logarithmes ; à Bernard Palissy, la faïence et la porcelaine ; à Papin, la soupape de sûreté, l'une des parties les plus importantes des appareils à vapeur ; à Parmentier, l'introduction en France de

la pomme de terre ; à Réaumur, le thermomètre de
80 degrés ; à Senefelder, l'invention de la lithographie ;
à Torricelli, l'invention du baromètre, que plus tard Pascal
compléta par ses belles expériences ; à Vaucanson, des

Valentin Haüy.

automates célèbres et l'invention de la machine pour
exécuter la chaîne sans fin ; à Volta, l'appareil électrique
auquel la chimie, la physique et l'industrie vont demander
les secrets de la nature et les merveilles de la civilisation.

Ces inventions datent presque toutes du xviiie siècle. En présence d'une société qui se dissolvait, le mouvement intellectuel fut marqué par un esprit d'innovation et de réaction contre les idées et les abus de l'ancienne monarchie. Jamais on ne vit une curiosité aussi vive de toutes choses, une audace aussi grande à s'aventurer hors des sentiers battus.

Toutes les sciences se développaient et cherchaient à devenir populaires.

L'homme, maître déjà de la terre et de l'océan, voulait aussi prendre possession de l'air, de cet air que Lavoisier venait de décomposer et dont Pascal avait démontré la pesanteur. Si Franklin avait arraché aux nuages le fluide électrique et inventé le paratonnerre, Pilâtre du Rozier et d'Arlande faisaient la première ascension dans une montgolfière ; et quelques années après, Blanchard passait en ballon de Douvres à Calais, tandis que Mesmer apportait en France les mystères et les mensonges du magnétisme.

C'est grâce aux travaux gigantesques et au génie de nos chimistes modernes que nous devons toutes les inventions si populaires et si utiles au développement de la civilisation, comme les chemins de fer, le télégraphe, la lumière électrique, les machines agricoles et industrielles, et autres inventions peu connues encore, mais dont les peuples profiteront un jour.

FIN.

TABLE.

FIN DE LA TABLE.

Rouen. — Imp. MÉGARD et Cⁱᵒ, rue Saint-Hilaire, 136.